Gesundheitspflege und Wohlfahrtseinrichtungen

im Bereiche

der vereinigten preußischen und hessischen Staatseisenbahnen.

Gesundheitspflege

und

Wohlfahrtseinrichtungen

im Bereiche

der vereinigten preußischen und hessischen

Staatseisenbahnen.

Bearbeitet

im

preußischen Ministerium der öffentlichen Arbeiten.

Springer-Verlag Berlin Heidelberg GmbH

1907.

ISBN 978-3-662-33576-5
DOI 10.1007/978-3-662-33974-9

ISBN 978-3-662-33974-9 (eBook)

Inhaltsübersicht.

Seite

Einleitung 1

I. Gesundheitspflege.

A. Maßnahmen zur Verhütung und Bekämpfung von Krankheiten.

1. Ärztliche Fürsorge. Bestellung von Bahnärzten. Aufgaben der Bahnärzte. Grundsätze über Gewährung ärztlicher Behandlung. Verhältnis der Ärzte zur Verwaltung. Gewährung freier Fahrt in Erkrankungsfällen 2

2. Tuberkulosefürsorge. Belehrung des Personals über Wesen usw. der Krankheit. Maßnahmen zu deren Bekämpfung 5

3. Kranken- und Kleinkinderfürsorge an kleinen Orten mit zahlreichem Eisenbahnpersonal. Gewährung von Beihilfen an Anstalten, Vereine für Kranken- und Kleinkinderfürsorge. Errichtung eigener Kleinkinderschulen. Tätigkeit der Eisenbahnfrauenvereine 7

4. Badeanstalten 8

5. Schutzkleider und andere Schutzmittel 8

6. Staatsbeihilfen zur Errichtung von Genesungs- und Erholungsheimen 9

7. Erholungsurlaub für Arbeiter 10

8. Krankheits-, Invaliditäts- und Sterblichkeitsstatistik 11

B. Fürsorge für die Bediensteten während der Ruhezeiten, Dienst- und Arbeitspausen.

1. Übernachtungs- und Aufenthaltsräume. Grundzüge für den Bau von Übernachtungsgebäuden für das Fahrpersonal. Ausrüstung der Übernachtungsräume. Aufenthaltsräume für das stationäre Personal 11

2. Verpflegung. Einrichtungen zum Zubereiten, Wärmen von Speisen. Beförderung des Essens an die Arbeitsstelle. Preisermäßigungen in Bahnwirtschaften. Kochkisten. Anschluß an gemeinnützige Anstalten. Kantinen. Beschaffung und Lieferung alkoholfreier Getränke (Kaffeemaschinen, Apparate zur Herstellung von Brausewasser). Verabreichung stärkender Speisen und Getränke 14

Seite

C. Maßnahmen zur Verhütung von Unfällen und Hilfeleistung
bei Unfällen.

    1. Unfallverhütungsvorschriften 18
    2. Organisation der Hilfeleistung bei Unfällen 19

II. Wohnungsfürsorge.

    Staatseigene Wohnungen 20
    Baudarlehne 22
    Ledigenheime 23

III. Arbeiterversicherung.

    1. Krankenversicherung.

        a) Betriebskrankenkassen.

        Anzahl der Mitglieder 23
        Beiträge 24
        Leistungen:
            Ärztliche Behandlung 25
            Arzneien und sonstige Heilmittel 26
            Krankengeld 27
            Schwangerschaftunterstützungen 28
            Krankenhauspflege für Angehörige 28
            Sterbegeld 28
            Gesamtausgaben, Vermögen 29

        b) Baukrankenkassen 31

        c) Eisenbahnverbandskrankenkasse.

        Organisation und Verwaltung 34
        Mitgliedschaft 34

        Gegenstand der Versicherung:
            Krankengeldversicherung 35
            Arzneiversicherung 38

    2. Arbeiterpensionskasse 39

        a) Abteilung A.
        Zweck 40
        Mitgliedschaft 40
        Beiträge 41
        Verteilung der Mitglieder auf die Lohnklassen 42
        Leistungen:
            Invaliden- und Altersrenten 42
            Heilverfahren 43
            Invalidenheime 52
            Gesamtausgaben im Jahre 1905 59

        b) Abteilung B.
        Zweck 59
        Mitgliedschaft 59
        Beiträge 62
        Verteilung der Mitglieder auf die Lohnklassen 64

— VII —

Seite

Leistungen:

Zusatzrenten 65

Witwengeld 67

Waisengeld 68

Abfindungen. 71

Sterbegeld 71

Beitragsrückgewähr 73

Gesamtausgaben im Jahre 1905 74

c) Vermögenslage der Arbeiterpensionskasse:

Überschüsse und Vermögensbestände der Abteilung A und
Abteilung B 74

3. Unfallversicherung 76

Die nachfolgende Darstellung soll auf Grundlage und im wesentlichen unter Wiedergabe einer bereits an anderer Stelle erfolgten Veröffentlichung*) einen Überblick gewähren über die wichtigeren Einrichtungen der preußisch-hessischen Staatseisenbahnen auf dem Gebiete der Gesundheitspflege und der Arbeiterversicherung. Eine staatliche Verkehrsanstalt, die nach dem Etat des Jahres 1907 = 174 833 Beamte, 266 701 Hilfsbeamte und Arbeiter, insgesamt 441 534 Bedienstete beschäftigt, muß die Förderung des Wohles ihrer Angestellten und die möglichste Besserung ihrer Lebensbedingungen als eine ihrer vornehmsten Aufgaben betrachten. Erhöhte Pflichten in dieser Hinsicht ergeben sich aus der Eigenart des Eisenbahnbetriebes, der an die körperliche Rüstigkeit, Spannkraft und Ausdauer der Bediensteten besondere Anforderungen stellt. In den Wohlfahrtsbestrebungen der Staatseisenbahnverwaltung nimmt daher die Sorge für die Erhaltung der Gesundheit ihrer Angestellten, für deren sachgemäße Unterbringung und Verpflegung in den Betriebsstätten und unterwegs, sowie für die Besserung der Wohnungsverhältnisse und die Abwendung der wirtschaftlichen Folgen von Krankheit und Unfällen einen breiten Raum ein. Nachdem das Deutsche Reich das große sozialpolitische Werk unternommen, das durch die Gesetze über Kranken-, Unfall-, Invalidenversicherung in der Hauptsache seinen Abschluß gefunden hat, ist damit auch für die Fürsorgetätigkeit der Staatseisenbahnverwaltung auf diesen Gebieten eine normgebende Grundlage geschaffen und ihren Leistungen, soweit sie durch die Gesetze vorgeschrieben sind, der Charakter einer freiwilligen Wohlfahrtspflege genommen. Ist aber bei der gewaltigen Zahl der im Staatseisenbahndienste beschäftigten, von der Arbeiterversicherung erfaßten Personen schon die Erfüllung der gesetzlichen Auflagen mit sehr bedeutenden Aufwendungen verbunden, so erschöpft sich doch hierin nicht die Mitarbeit der Verwaltung an der Verwirklichung des die gesetzliche Arbeiterversicherung beherrschenden Grundgedankens. In den Fällen, in denen die Gesetze neben der Festsetzung eines Mindestmaßes an Leistungen nach Ermessen eine Erhöhung oder Erweiterung derselben vorsehen, ist hiervon zugunsten der Bediensteten in weitestem Maße Gebrauch gemacht worden. Auch hat die Verwaltung über die gesetzlich festgelegten Ziele hinaus zum

---

*) Archiv für Eisenbahnwesen 1907, S. 47—135 und S. 363—398.

Wohle ihrer Angestellten Einrichtungen von größter Wichtigkeit und finanzieller Tragweite getroffen, die lediglich ein Ausfluß der Fürsorge für die minder bemittelten Klassen der Staatseisenbahnbediensteten sind. Lassen diese Einrichtungen auch nicht überall einen unmittelbaren Zusammenhang mit der Gesundheitspflege erkennen, so ist doch überall eine mittelbare Beziehung vorhanden und damit gerechtfertigt, daß die hier gegebene Darstellung auf sie erstreckt wird.

I. Gesundheitspflege.

A. Maßnahmen zur Verhütung und Bekämpfung von Krankheiten.

1. Ärztliche Behandlung. Für die im äußeren Betriebsdienste beschäftigten mittleren und unteren Beamten hat die Eisenbahnverwaltung in der Erkenntnis, daß es für die Sicherheit des Betriebes erforderlich ist, nur im Vollbesitz körperlicher und geistiger Gesundheit befindliche Personen zu beschäftigen, die ärztliche Fürsorge selbst in die Hand genommen und zu dem Zweck für bestimmte fest abgegrenzte Bezirke auf ihre Kosten vertraglich Bahnärzte angestellt, die diese Bediensteten und deren Angehörige zu behandeln haben. Daneben haben sie in gewissen Zwischenräumen das Hör- und Sehvermögen der im Betriebe beschäftigten Bediensteten zu untersuchen, bei Unfällen Hilfe zu leisten und die aus solchem Anlaß abgelassenen Hilfszüge zu begleiten, ferner die Rettungskasten, die die zur Leistung der ersten Hilfe bei Unglücksfällen unentbehrlichen Gegenstände enthalten, zu beaufsichtigen, das Personal im Samariterdienst und zur Leistung der ersten Hilfe bei Zugunfällen auszubilden, auch auf die sanitären Verhältnisse in den Wohnungen der Bediensteten zu achten. Sie nehmen der Verwaltung gegenüber eine Vertrauensstellung ein, werden deshalb auch mit der Erstattung von Gutachten in Krankheitsfällen sowie in Invaliditäts- und Unfallangelegenheiten betraut und bei Schaffung neuer hygienischer Einrichtungen usw. um ihren Rat angegangen werden, wie sie auch ihrerseits der Verwaltung auf letzterem Gebiete dankenswerte Anregungen geben. Den Bahnärzten obliegt auch die ärztliche Untersuchung der für den Eisenbahndienst anzunehmenden Personen. Für diese Untersuchung sind neue Grundsätze aufgestellt worden, bei denen mehr noch, als schon bisher, das Ziel verfolgt wird, nur vollständig gesunde Personen einzustellen, die den Anforderungen des Dienstes in jeder Hinsicht gewachsen sind. Es sollen deshalb u. a. solche Personen, die an Geisteskrankheiten gelitten haben, die dem Mißbrauch alkoholischer Getränke huldigen, oder die ein unruhiges aufgeregtes Wesen an den Tag legen, von vornherein ausgeschlossen werden. Ferner sind, um die Zuverlässigkeit der ärztlichen Untersuchung hinsichtlich der Farbentüchtigkeit der Bediensteten zu gewährleisten, für das Untersuchungsverfahren neue Grundsätze nach den von Professor Nagel aufgestellten Regeln herausgegeben worden. Auch müssen sich die Ärzte vor ihrer Annahme als Bahnarzt selbst einer Untersuchung auf Farbentüchtigkeit unterwerfen.

Die bahnärztliche Behandlung findet je nach der Lage des einzelnen Falles in der Sprechstunde des Arztes oder in der Wohnung des Kranken statt. Auf Erfordern hat der Bahnarzt auch in bestimmten, in der Mitte größerer Betriebsstätten gelegenen Eisenbahndiensträumen oder auch auf Stationen, die außerhalb seines Wohnsitzes gelegen sind, regelmäßige Sprechstunden abzuhalten. Auf freie krankenhäusliche Behandlung, sowie auf die Erstattung sonstiger Heilungskosten, Badereisen usw. haben die Beamten keinen Anspruch. Doch können auch diese Kosten auf die Staatskasse übernommen werden, wenn ein im Betriebe beschäftigter Beamter sich die Krankheit, Verwundung oder sonstige Beschädigung bei Ausübung oder aus Veranlassung des Dienstes zugezogen hat. Die Kosten für Arzneien haben die Beamten ebenfalls selbst zu tragen, doch können für solche Beamten und Arbeiter, die an Orten tätig sind, in denen Apotheken nicht bestehen, die ärztlich verordneten Arzneien und sonstigen Gegenstände der Krankenpflege durch die Fahrbeamten unentgeltlich mit den Zügen befördert werden.

Am Schlusse des Etatsjahres 1905 hatten rund 135 800 Beamte ein Anrecht auf freie ärztliche Behandlung. Hierfür waren 2 378 Bahnärzte bestellt, deren Bezüge sich auf rund 1 499 700 M. beliefen. Neben ihnen war noch eine Anzahl von Bahnaugen- und Bahnohrenärzten tätig, denen diejenigen Bediensteten überwiesen werden, bei denen der Bahnarzt eine Ergänzung seiner Prüfung des Seh- und Hörvermögens für erforderlich hält, und denen außerdem die augen- und ohrenärztliche Behandlung der Bediensteten — nicht auch ihrer Angehörigen — obliegt, soweit sie die Bahnärzte für notwendig halten. Für die Behandlung durch diese Spezialärzte wurden weitere 18 640 M. ausgegeben. Wird berücksichtigt, daß im Jahre 1903 für die Behandlung — abgesehen von der spezialärztlichen — von 126 400 Beamten 1 068 800 M., d. h. für den Kopf rund 8,50 M. ausgegeben wurden, während im Jahre 1905 für 135 800 Beamte 1 499 700 M., für den Kopf also rund 11 M. an Honorar gezahlt wurden, so ergibt sich daraus, daß die Verwaltung mit Erfolg bestrebt gewesen ist, die Bezüge ihrer Bahnärzte aufzubessern. In diesem Bestreben sind neuerdings anderweite Muster für Bahnarztverträge aufgestellt worden, die unter Berücksichtigung der von dem Ausschuß der preußischen Ärztekammern und von den Bahnärzten vorgetragenen Wünsche nicht nur eine weitere Erhöhung der Vergütungen, sondern vor allem auch eine Befestigung der Stellung der Bahnärzte bezwecken. Dem letzteren Zwecke dient besonders auch die Bestimmung, daß bei Meinungsverschiedenheiten über die Erfüllung der Vertragspflichten, insbesondere wenn einem Arzte grobe Verstöße gegen die Vertrags- oder Berufspflichten zur Last gelegt werden, vor der Entscheidung nicht nur der Vorstand des Bahnarztvereins zu hören, sondern in geeigneten Fällen auch mit dem Vorstande der örtlich zuständigen Ärztekammer in Verhandlung zu treten ist. Eine Erhöhung der Gebühren ist fast für alle ärztlichen Leistungen eingetreten, auch sind für eine Reihe von Sonderleistungen, die bisher als unter die für jeden Beamten festzusetzende Pauschalsumme fallend angesehen wurden, besondere Vergütungssätze — u. a. für Inanspruchnahme während der Nachtzeit, für Unterstützung eines anderen Bahnarztes in schwierigen Fällen, für Untersuchungen auf das Hör-, Seh- und Farbenunterscheidungsvermögen — eingeführt worden.

Um dem zwischen der Verwaltung und den Bahnärzten bestehenden Vertrauensverhältnisse und dem möglichst dauernden Charakter ihrer gegenseitigen Beziehungen noch mehr als bisher Rechnung zu tragen, ist daneben noch die Bestimmung getroffen, daß, wenn eine ärztlich bescheinigte Erkrankung eines Bahnarztes länger als 6 Wochen dauert, die Eisenbahnverwaltung von der 7. Woche an bis zur Gesamtdauer von 6 Monaten seit dem Beginne der Erkrankung die Kosten der Stellvertretung übernimmt und als solche dem Stellvertreter die gleichen Vergütungen zahlt, die dem Bahnarzte auf Grund des Vertrages zustehen, während dem letzteren diese Vergütungen gleichfalls weitergezahlt werden.

Den Beamten, die nicht im äußeren Betriebsdienste beschäftigt sind (Bureaubeamten), wird, wie bisher, ärztliche Fürsorge nicht gewährt. Ihnen können nur zur Milderung wirtschaftlicher Schäden, die ihnen durch langdauernde Erkrankungen entstehen und zur Durchführung wirksamer Kuren Beihilfen aus dem Unterstützungsfonds gewährt werden. Es bestehen jedoch in einigen Bezirken, zum Teil noch aus den Zeiten der Privatbahnverwaltung herstammend, Beamtenkrankenkassen, bei denen auch die Bureaubeamten gegen Zahlung laufender Versicherungsbeiträge sich freie ärztliche Behandlung verschaffen können. Daneben können, wie an anderer Stelle mitgeteilt wird, alle Beamten durch den Beitritt zum Tarif II der Eisenbahn-Verbandskrankenkasse sich auch den Anspruch auf freie Arznei sichern.

Den Beamten und Arbeitern wie ihren Familienangehörigen, nötigenfalls einem Begleiter, wird zu den Reisen nach dem Wohnorte des Arztes, nach Krankenhäusern, Kliniken, Bade- und Erholungsorten freie Fahrt gewährt.

Die großen Verheerungen, welche die Tuberkulose alljährlich, nament- **2. Tuberkulose-**
lich in den wirtschaftlich schwächeren Kreisen der Bevölkerung, anrichtet, **fürsorge.**
hat schon seit vielen Jahren die Eisenbahnverwaltung veranlaßt, alle auf
die systematische Bekämpfung dieser Volkskrankheit abzielenden Bestrebungen zu unterstützen. In umfassendem Maße ist auf eine Verbesserung
der hygienischen Verhältnisse, insbesondere der Wohnungsverhältnisse,
hingewirkt worden; durch Vorträge der Bahn- und Bahnkassenärzte, wie
auch durch Verteilung belehrender Schriften an die Bediensteten ist
dafür Sorge getragen, daß diese, die vielfach der Tuberkulose und insbesondere ihren Anfängen verständnislos gegenüberstehen, über das
Wesen, die Erkennungsmerkmale, die Verhütung und Heilung der Tuberkulose aufgeklärt werden. Wenngleich die Pensionskasse für die Arbeiter
der preußisch-hessischen Eisenbahngemeinschaft sich bereits in größerem
Umfange an der Bekämpfung der Tuberkulose beteiligt und in der Lage
ist, einem großen Teil der lungenkranken Bediensteten durch Aufnahme
in ihren beiden Lungenheilstätten „Moltkefels" und „Stadtwald" ein stän-
diges Heilverfahren zuteil werden zu lassen, so bleiben doch noch viele
Fälle übrig, in denen eine besondere Fürsorge der Verwaltung auf
diesem Gebiete geboten erscheint. Es handelt sich hierbei hauptsächlich
um die unheilbar erkrankten Bediensteten, die in eine Heilstätte nicht
mehr aufgenommen werden, und um die erkrankten Angehörigen von Bediensteten. Es erschien daher geboten, auch für diese Bediensteten und
deren Angehörigen eine besondere Fürsorge einzuleiten.

Um zunächst Kenntnis von den Erkrankungen an Tuberkulose zu erhalten, ist von den Bahn- und Bahnkassenärzten jeder Erkrankungsfall, der
nach ihrer Ansicht die Ergreifung besonderer Maßnahmen erfordert, sofern
auch die Erkrankten oder deren Angehörige damit einverstanden sind,
zur Kenntnis der zuständigen Eisenbahndirektion zu bringen. Auf Grund
dieser Anzeige werden an der Hand eines bestimmten Fragebogens über
die Krankheit, die Familien- und häuslichen Verhältnisse des Kranken usw.
Ermittlungen angestellt und von dem behandelnden Arzte Vorschläge über
die vom ärztlichen Standpunkt erforderlich scheinenden Fürsorgemaß-
regeln eingeholt. In erster Linie soll dafür gesorgt werden, daß die
Kranken über das Verhalten belehrt werden, das sie bei Behandlung des
Auswurfs, im Verkehr mit der Umgebung, in der Behandlung der ge-
brauchten Gegenstände (Kleidungsstücke, Wäsche usw.) zu beachten haben.
Soweit geboten, sollen ihnen Spuckflaschen, Thermometer, Lysoform verwaltungsseitig beschafft und die zur Verbesserung der Ernährung erforderlichen Mittel zur Verfügung gestellt werden. Auch soll auf die Gestellung
von Pflegepersonal und Aushilfe in der Wirtschaftsbesorgung, auf letztere
insbesondere dann Bedacht genommen werden, wenn die Hausfrau er-
krankt ist. Besondere Aufmerksamkeit soll aber den Wohnungen und

ihrer Einrichtung zugewendet werden, da anerkanntermaßen schlechte Wohnungsverhältnisse die Entwicklung und Weiterverbreitung der Tuberkulose außerordentlich begünstigen. Hierbei soll in erster Linie dafür gesorgt werden, daß die Erkrankten, wenn irgend möglich gesondert von anderen Personen, stets aber in einem besonderen Bett schlafen, besonderes Eß- und Trinkgeschirr benutzen und eigene Waschgelegenheit erhalten. Bei der anerkannten Bedeutung einer ausgiebigen Wohnungsdesinfektion sind die Eisenbahndirektionen ermächtigt worden, Desinfektionsapparate zu beschaffen und das zu ihrer Bedienung erforderliche Personal ausbilden zu lassen. Daneben kommt in geeigneten Fällen die Unterbringung der Erkrankten in Heilstätten, Seehospizen, Walderholungsstätten usw. in Frage, während bei den unheilbar Kranken auf eine geeignete Isolierung oder Aufnahme in eine Pflegeanstalt Bedacht zu nehmen ist. Auch soll die rechtzeitige Versetzung lungenkranker Bediensteten in klimatisch günstige Stationsorte herbeigeführt werden.

Wie die Berichte über den Erfolg dieser nach dem Muster der französischen und belgischen dispensaires antituberculeux organisierte Fürsorge erkennen lassen, haben sich die Maßregeln vorzüglich bewährt. Es ist gelungen, auf Staatskosten eine große Anzahl bedürftiger Bediensteten in Lungenheilstätten, Seehospizen und Walderholungsstätten unterzubringen, ihnen eine bessere Wohnung, Betten und stärkende Nahrungsmittel zu verschaffen, sie mit Artikeln der Krankenpflege, wie Spuckflaschen und Thermometern, auszustatten und insbesondere in großem Umfange Desinfektionen ihrer Wohnungen vorzunehmen.

In der Ausführung solcher Desinfektionen mit Formaldehyd-Desinfektionsapparaten sind geeignete Leute durch den Chefarzt der Lungenheilstätte in Stadtwald bei Melsungen, Dr. Röpke, ausgebildet worden. Neuerdings hat der Minister der geistlichen, Unterrichts- und Medizinalangelegenheiten sich damit einverstanden erklärt, daß die von einem dieser Desinfektoren nach Todesfällen an Tuberkulose unter den Eisenbahnbediensteten in der Wohnung bewirkte Wohnungsdesinfektion als ausreichend im Sinne des § 19 des Gesetzes, betreffend die Bekämpfung gemeingefährlicher Krankheiten vom 30. Juni 1900 (R.-G.-Bl. S. 306 u. flg.), des § 8 des Gesetzes, betreffend die Bekämpfung übertragbarer Krankheiten, vom 28. August 1905 (Ges.-S. S. 373 u. flg.) und der allgemeinen Ausführungsbestimmungen vom 15. September 1906 (Minist.-Bl. f. d. Med.-Angel. S. 371 u. flg.) anzusehen ist. Voraussetzung dafür ist, daß die zuständige Polizeibehörde in jedem Falle rechtzeitig vorher von der Zeit und dem Umfange der Desinfektion, von dem Namen und der Wohnung des Eisenbahndesinfektors in Kenntnis gesetzt wird.

An kleinen Orten, an denen zahlreiches Personal der Eisenbahnverwaltung stationiert ist, bereitet die Fürsorge für erkrankte Bedienstete und erkrankte Familienangehörige der Bediensteten vielfach Schwierigkeiten, weil nach Lage der Verhältnisse die Fürsorge in der Familie oft nicht gewährt werden kann und es im übrigen oft auch an geeigneten Krankenhäusern mangelt, in denen die Erkrankten untergebracht werden können. An solchen Orten unterstützt die Verwaltung in entgegenkommender Weise alle Einrichtungen, die zur Förderung der Krankenfürsorge geschaffen werden, sei es, daß es sich um die Aufnahme in Krankenhäuser oder um Beschaffung von Hauspflege usw. handelt, und zwar ohne Rücksicht darauf, ob diese Einrichtungen lediglich von Eisenbahnbediensteten oder unter Mitbeteiligung anderer Kreise ins Leben gerufen werden. Insbesondere werden auch die Frauenvereine unterstützt, die den von Krankheit heimgesuchten Familien Krankenpflege, Unterstützungen bei den häuslichen Verrichtungen, Versorgung mit Wäsche und ähnliche Hilfen angedeihen lassen.

In gleicher Weise werden auch Einrichtungen der Kleinkinderfürsorge, insbesondere Kleinkinderschulen gefördert, die es den minder bemittelten Bediensteten ermöglichen, am Tage ihrer Arbeit nachzugehen, während sie ihre Kinder in guter Obhut wissen.

Soweit von den Vereinen über ihre Tätigkeit zugunsten der Eisenbahnbediensteten Aufzeichnungen geführt worden sind, ist allein im Jahre 1905 in rund 11 000 Krankheitsfällen Fürsorge geleistet worden, bestehend in Tag- und Nachtwachen, in Wöchnerinnenunterstützung, in Führung des Haushaltes bei Erkrankung der Ehefrauen, in Vorhalten von Gegenständen der Krankenpflege usw. Gegen 3 000 Kindern von Eisenbahnbediensteten wurde Kleinkinderfürsorge zuteil, von denen ein großer Teil entweder unentgeltlich oder gegen ermäßigtes Schulgeld in Kleinkinderschulen Aufnahme fand. In mehreren Fällen wurden Kinder zu ihrer Kräftigung und Erholung in Sol- und Seebäder geschickt. An einigen Orten, an denen die Verwaltung für ihre Bediensteten in größerem Umfang und zusammenhängend Wohnhäuser (Kolonien) errichtet oder an denen sich Anstalten von Vereinen usw. nicht befinden, hat sie selbst auf ihre Kosten Einrichtungen für die Kleinkinderfürsorge geschaffen. So sind eigene Kleinkinderschulen in Ruhnow, Peiskretscham, Borsigwerk und für die Kolonie der Werkstättenarbeiter in Leinhausen ein eigener Kindergarten errichtet worden.

Auf dem Gebiete der Kranken- und Kleinkinderfürsorge haben, wie an dieser Stelle gern anerkannt wird, auch die aus den Eisenbahnvereinen hervorgegangenen „Eisenbahnfrauenvereine" eine segensreiche Tätigkeit entfaltet. Zur Förderung ihrer Bestrebungen werden auch sie von der Verwaltung durch Gewährung von Beihilfen unterstützt.

4. Badeanstalten.

Es ist von wesentlicher Bedeutung für die Gesundheit und das Wohlbefinden der Eisenbahnbediensteten, daß ihnen eine möglichst häufige und bequeme Gelegenheit geboten wird, ein warmes Wannenbad oder ein kaltes Brausebad zu nehmen. Fast in allen Zweigen des Betriebsdienstes ist infolge der Beschäftigungsweise, die den Körper den Einwirkungen von Dampf, Staub und Ruß aussetzt, das Bedürfnis nach körperlicher Reinigung groß. Aber auch als Erfrischungsmittel ist den Betriebsbeamten nach getanem Dienste ein Bad unentbehrlich. Die Verwaltung hat deshalb in den Werkstätten und auf größeren Bahnhöfen mit zahlreichem Zug- und Lokomotivpersonal Wannen- und Brausebäder herstellen lassen und sorgt fortgesetzt für deren Vermehrung. Der Bau der Bäder wird nach vorgeschriebenen Mustern ausgeführt, ihre Ausstattung ist einfach aber zweckmäßig; großer Wert wird auf peinliche Sauberkeit gelegt. Die Badeeinrichtungen dürfen unentgeltlich von allen im Betriebsdienst, bei der Bahnunterhaltung, auf den Güterböden und in den Werkstätten beschäftigten Beamten, Hilfsbeamten und Arbeitern benutzt werden. Den übrigen Bediensteten ist im Falle ärztlicher Verordnung der Gebrauch der Bäder ebenfalls unentgeltlich gestattet, während sie im übrigen eine geringe Vergütung zu zahlen haben. Gegen die gleiche Vergütung können auch die Angehörigen der Bediensteten die Badeanstalten benutzen. Am Ende des Etatsjahres 1905 bestanden 727 Badeanstalten (gegen 662 am Ende des Vorjahres) mit 1159 Brause-, 1345 Wannen- und 42 Dampfbädern. Der Umfang ihrer Benutzung zeigt, daß auch die Bediensteten volles Verständnis für den gesundheitlichen Wert der Einrichtung haben.

5. Schutzkleider und andere Schutzmittel.

Vornehmlich gesundheitliche Rücksichten und die Abwendung von Beschädigungen sind dazu bestimmend gewesen, Schutzkleider und andere Schutzgegenstände verwaltungsseitig vorzuhalten und gewissen Klassen von Bediensteten unentgeltlich zu überlassen. So können Schutzkleider zum Schutz gegen die Unbilden der kalten Jahreszeit an alle Beamten, Hilfsbeamten und Arbeiter verabfolgt werden, die im Lokomotiv-, Zugbegleit-, Rangier- und Güterbodendienst (diesen, soweit sie vorwiegend im Freien beschäftigt werden), im Weichensteller-, Bahnsteigschaffner-, Bahn-, Kran-, Brücken- und Nachtwächterdienst, sowie im Wagen- und Schiffsdienste beschäftigt werden. Neben den gegen die Einwirkungen der Kälte verabfolgten, im wesentlichen in Pelzen, Mänteln und Filzstiefeln bestehenden Schutzkleidern können, wenn es die klimatischen Verhältnisse erfordern, auch im Sommer Schutzkleider vorgehalten werden. Insbesondere werden dem Rangierpersonal wasserdichte Sommermäntel verabreicht, die sie bei Regenwetter vor Durchnässung schützen und in den Stand setzen, ihren Dienst, dessen ununterbrochene Durchführung für den gesamten Betrieb von der größten Bedeutung ist, auch bei ungünstigem Wetter ohne Nachteil für die Gesundheit zu verrichten. Als eine weitere Fürsorgemaßregel stellt es sich dar, daß gewissen Bediensteten, denen Verrichtungen obliegen, die die Kleider besonders schnell abnutzen oder beschmutzen, Schutzanzüge oder andere Schutzmittel geliefert werden können. Dies gilt u. a. für Arbeiter, die die Feuerbuchsen und Rauchkammern der Lokomotiven zu reinigen, die Roststäbe auszuwechseln und die Lokomotiven auszuwaschen haben, für Bedienstete, die an offenem Feuer oder in Gasanstalten arbeiten, die die Reinigung von Entwässerungsanlagen besorgen, für die sogenannten Wagenwäscher, sowie für Arbeiter, die auf Eisen- und Säureverladestellen und in den Oberbaumaterialien-Hauptmagazinen beschäftigt sind.

Von der Errichtung eigener Genesungs- und Erholungsheime hat die Verwaltung bisher abgesehen. — Dagegen sind seit dem Jahre 1904 im Etat Mittel bereit gestellt worden, um Vereinigungen von Eisenbahnbediensteten (Eisenbahn- oder Fachvereine) bei Errichtung von Genesungs- und Erholungsheimen zu unterstützen, in denen Staatseisenbahnbedienstete gegen mäßiges Entgelt Unterkunft und Verpflegung finden können. Die Beihilfen werden gegen Bestellung einer Sicherheitshypothek gewährt, sind unverzinslich und werden nach 30 Jahren, sofern bis dahin das Unternehmen weder seine Zweckbestimmung noch den Eigentümer gewechselt hat, Eigentum des Vereins. Durch diese Beihilfen haben bis jetzt das Erholungs- und Genesungsheim der Lokomotivführer in Münden, das Erholungsheim der Dienststellenvorsteher in Ost-Dievenow und die von den Eisenbahnvereinen der Eisenbahndirektionsbezirke Münster, Magdeburg und Erfurt in Borkum, Ilsenburg und Elgersburg errichteten Eisenbahnheime tatkräftige Förderung erfahren.

6. Staatsbeihilfen zur Errichtung von Genesungs- und Erholungsheimen.

Die Eisenbahnheime erfreuen sich bei den Bediensteten großer Beliebtheit, wie sich u. a. aus der Tatsache ergibt, daß das Eisenbahnheim Borkum nach seiner am 3. Juni 1905 erfolgten Eröffnung noch im ersten Jahre von 384 Personen, darunter von 169 mittleren Beamten, 96 Unterbeamten, 119 Hilfsbeamten und Arbeitern besucht wurde, denen, soweit sie erholungsbedürftig, aber nicht imstande waren, die Kosten aus eigenen Mitteln zu bestreiten, der Besuch des Erholungsheims durch von der Verwaltung gewährte Unterstützungen erleichtert wurde. Da den Gesuchen um Aufnahme in das Heim bei weitem nicht entsprochen werden konnte, ist inzwischen ein Erweiterungsbau ausgeführt worden, der 60 Zimmer mit einem und 12 Zimmer mit zwei Betten enthält, so daß die ganze Anlage jetzt Raum zur Unterkunft für 110 Personen bietet. Die Pensionspreise betrugen in der Vor- und Nachsaison, je nach Lage der Zimmer, 3,30 M. bis 3,80 M., in den Monaten Juli und August 3,80 M. bis 4,20 M., doch wird für die Folge voraussichtlich mit einer Herabsetzung dieser Preise gerechnet werden können. Auch das in freundlicher Lage unmittelbar an den waldigen Abhängen des Nordharzes gelegene Erholungsheim in Ilsenburg hatte sich schon im ersten Betriebsjahre eines regen Zuspruchs zu erfreuen. Obgleich seine Eröffnung erst mitten in der Saison, am 6. Juli 1906, erfolgen konnte, wurde es in diesem Jahre noch von 173 Personen aufgesucht, darunter von .120 mittleren Beamten, 30 Unterbeamten und 23 Hilfsbeamten und Arbeitern. Während der Besuch im Juli nur ein mäßiger war, steigerte sich die Nachfrage nach Zimmern im August und September dermaßen, daß ein Teil der sich Meldenden nicht aufgenommen werden konnte und sich bereits eine Erweiterung als notwendig erwiesen hat. Das Heim bietet Raum für 31 Personen; der Pensionspreis betrug im Juli und August 3,30 M. und 3,60 M., im September 3 M. und 3,30 M. je nach Wahl der Zimmer. Das Eisenbahnheim Elgersburg ist erst im Juni 1907 eröffnet worden.

7. Erholungs-urlaub. Während bisher den zur ständigen Beschäftigung angenommenen Arbeitern nur in Fällen vorübergehender unverschuldeter Dienstverhinderung und bei Arbeitsversäumnis wegen dringender persönlicher Angelegenheiten Urlaub unter Fortgewährung des Lohnes bewilligt werden konnte, ist in Erfüllung eines längst gehegten Wunsches der Arbeiterschaft neuerdings genehmigt worden, daß allen Hilfsunterbeamten, ferner den Arbeitern des Innen-, Betriebs- und Werkstättendienstes bei guter Führung und zufrieden-stellenden Leistungen alljährlich ein Erholungsurlaub unter Fortzahlung des Lohnes erteilt werden kann, der betragen darf:

1. bei den mindestens 5 Jahre beschäftigten Hilfsunterbeamten eben-soviel Tage, wie bei den entsprechenden Klassen der etatsmäßigen Beamten, d. h.
   a) bei den Hilfsbahnwärtern, Hilfskranwärtern und Hilfs-nachtwächtern . . . . 6 Tage,
   b) bei den übrigen Hilfsunterbeamten . . . . 8 „ ,
2. bei den Arbeitern des Innen-, Betriebs- und Werkstättendienstes:
   a) nach einer mindestens siebenjährigen Beschäftigung . 4 Tage,
   b) „   „   „   zehn   „   „   . 6 „ .

An der Vergünstigung nehmen hiernach sämtliche im Arbeiterverhält-nis beschäftigten Bediensteten mit Ausnahme der Streckenarbeiter teil. Von einer Ausdehnung der Maßregel auf die letzteren konnte mit Rück-sicht auf die Art ihrer Tätigkeit, die wegen der ausschließlichen Be-schäftigung im Freien und wegen der nur ausnahmsweise eintretenden Notwendigkeit, während der Nachtzeit oder an Sonn- und Feiertagen zu arbeiten, im allgemeinen derjenigen der landwirtschaftlichen Arbeiter gleicht, abgesehen werden. Die Vergünstigung kommt aber denjenigen

Streckenarbeitern zugute, die in regelmäßiger Wiederkehr als Stellvertreter und Ablöser im Unterbeamtendienst verwendet werden.

Es bedarf keiner Ausführung, daß die mit erheblichen Kosten verknüpfte Neuerung einen wesentlichen Fortschritt in der Fürsorge für die staatlichen Arbeiter bedeutet, der auch vom Standpunkt der Gesundheitspflege freudig zu begrüßen ist.

Um die Gesundheitsverhältnisse der Bediensteten dauernd estzustellen, und die Einwirkungen des Dienstes auf die Gesundheits- und Sterblichkeitsverhältnisse der einzelnen Dienstklassen besser ermitteln zu können, werden vom 1. Januar 1907 ab Aufschreibungen gemacht, die die Unterlagen für eine systematische Statistik dieser Verhältnisse liefern sollen. Bei den Erkrankungen wird nicht jede einzelne Krankheit besonders aufgeführt, es sind vielmehr 15 größere Krankheitsgruppen gebildet, bei denen die im Eisenbahnbetrieb häufiger beobachteten oder mit seinen Eigentümlichkeiten in gewissem Zusammenhang stehenden Krankheiten besonders hervorgehoben sind. Die Erkrankungsfälle werden getrennt nach den einzelnen Beschäftigungsgruppen der Bediensteten eingetragen, so daß sich aus dem Schlußergebnis ersehen läßt, in welchem Verhältnis die einzelnen Gruppen von jeder Krankheitsgruppe befallen worden sind.

Die Invaliditäts- und Sterblichkeitsstatistik wird in ähnlicher Weise nach Beschäftigungsgruppen und daneben nach Altersgruppen geführt. Außerdem wird noch besonders ermittelt, wie oft die Invalidität und der Tod die Folge von Unfällen gewesen sind. Es ist zu erwarten, daß die Ergebnisse dieser Statistik wertvolle Fingerzeige bieten werden, um die schon jetzt bestehenden Wohlfahrtseinrichtungen und die äußeren Bedingungen, unter denen der Dienst verrichtet werden muß, zu vervollkommnen und, wenn nötig, zu verbessern.

8. Krankheits-, Invaliditäts- und Sterblichkeitsstatistik.

B. Fürsorge für die Bediensteten während der Ruhezeiten, Dienst- und Arbeitspausen.

Die Natur des Eisenbahnbetriebes bringt es, wie kaum ein anderer Betrieb mit sich, daß viele Bedienstete genötigt sind, die Ruhezeiten, wie auch die Dienst- und Arbeitspausen außerhalb ihrer Häuslichkeit zuzubringen. Während man es in den Anfangsstadien des Eisenbahnwesens wohl den Bediensteten überließ, in diesen Fällen selbst für ihre Unterkunft zu sorgen, haben die Eisenbahnverwaltungen doch bald erkannt, daß es ihre Aufgabe sei, gegenüber diesen gerade durch die Eigentümlichkeit des Eisenbahnbetriebes geschaffenen Zuständen auf ihre Kosten Einrichtungen bereit zu halten, die dem Personal eine angemessene Unterkunft

1. Übernachtungs- und Aufenthaltsräume.

gewähren und die Gelegenheit bieten, sich ein warmes Essen zu verschaffen. Im Laufe der Jahre sind von der preußischen Staatseisenbahnverwaltung ganz erhebliche Summen für die Errichtung von Übernachtungs- und Aufenthaltsräumen für das Fahrpersonal und die sonstigen Betriebsbediensteten aufgewendet worden.

Übernachtungs-
räume.

Nach den für den Bau von Übernachtungsgebäuden festgesetzten einheitlichen Grundzügen ist der Bauplatz in freier ruhiger Lage auszuwählen und der Bau selbst im allgemeinen als Massivbau und Ziegelrohbau zweigeschossig auszuführen. Die Treppenhäuser wie die Treppen selbst sind feuersicher, die Fußböden in den Waschräumen und Küchen wasserdicht herzustellen. Außer den erforderlichen Schlaf- und Wirtschaftsräumen (Küche, Waschküche mit Rollkammer, Trockenboden, Kohlenkeller, Wäscheraum usw.) sind Wohnräume für den Hauswart, ein Aufenthaltsraum zum Einnehmen der Mahlzeiten, Kleiderablagen mit Einrichtungen zum Trocknen und Aborte vorzusehen. Wenn irgend angängig, sind auch Badeeinrichtungen (Wannen- und Brausebäder) herzustellen. Der auf ein Bett entfallende Raum soll bei Schlafräumen mit 2 bis 4 Betten etwa 15 cbm, bei Schlafräumen mit 6 und mehr Betten etwa 13 cbm für jedes Bett betragen. Sämtliche Schlafräume sollen von den Fluren aus unmittelbar zugänglich sein. Für das Lokomotivpersonal sind die Schlafräume stets als kleinere Zimmer mit zwei Betten (für je ein Personal aus Lokomotivführer und Heizer bestehend) anzuordnen. Ebenso ist dem Zugführer mit dem Packmeister oder, wenn ein solcher nicht vorhanden ist, mit dem ältesten Zugbeamten, ein besonderes, kleineres Zimmer zu überweisen. Für das übrige Personal sind die Schlafräume so anzuordnen, daß ein Zugkorps tunlichst in einem Schlafraum untergebracht wird. Um Störungen der schlafenden Personale durch später ankommende zu verhüten, ist empfohlen worden, an den Türen der einzelnen Räume Klapptafeln mit der Aufschrift

Belegt

Frei

anzubringen.

Jeder Fahrbeamte wird von seiner Heimatstation mit einer Garnitur Bettwäsche ausgerüstet, die er in einem besonderen Behälter (Rolle oder Tasche) mitzuführen hat. Nach etwa 14 maliger Benutzung wird die Bettwäsche auf der Heimatstation gegen reine umgetauscht. Auf den Stationen mit Übernachtungsräumen werden einige Bettbezüge als Aushilfe bereitgehalten für Bedienstete, die das Mitnehmen der Bettwäsche verabsäumt haben. Diese haben für die Benutzung eine angemessene Gebühr zu entrichten. Zur Aufrechterhaltung von Ruhe und Ordnung wird eine Hausordnung erlassen und ein Abdruck davon in den Fluren und Zimmern ausgehängt. Um den Bediensteten das Verweilen in den Aufenthaltsräumen der Übernachtungsgebäude auch außerhalb der eigentlichen Schlafenszeit zu einem angenehmen zu machen, sind die Aufenthaltsräume wohnlich eingerichtet und mit geeignetem Lesestoff (volkstümliche Zeitschriften, patriotische Bücher usw.) ausgestattet, der den Bediensteten jederzeit zur Verfügung steht. Auf einigen größeren Stationen sind zu diesem Zweck besondere Lesezimmer mit kleinen Büchereien eingerichtet. Zur Förderung der Erholung sind ferner da, wo es die Örtlichkeit zuläßt, außerhalb der Häuser einfache Bänke aufgestellt und kleine gärtnerische Anlagen geschaffen, die den Bediensteten bei günstiger Witterung den Aufenthalt im Freien gestatten.

Für die Verpflegung der Bediensteten in den Übernachtungsgebäuden sorgt der Hauswart — in der Regel ein pensionierter Bediensteter —, der vertraglich zur Vorhaltung einfacher Speisen und Getränke verpflichtet ist. Doch ist den Bediensteten auch durch Aufstellen von Kochvorrichtungen Gelegenheit gegeben, sich selbst Speisen und Getränke herzustellen oder die mitgebrachten Speisen aufzuwärmen.

In gleicher Weise sind überall da, wo ein Bedürfnis vorliegt, Aufenthaltsräume hergestellt, um den Bediensteten während der Dienst- und Arbeitspausen, die sie nicht in ihrer Häuslichkeit zubringen können, Gelegenheit zum Ausruhen und zum Zubereiten und Aufwärmen von Speisen zu verschaffen. Auf größeren Bahnhöfen mit zahlreichem Personal sind für die einzelnen Gruppen der Bediensteten besondere Räume hergestellt. Sämtliche Räume sind mit Tischen, Bänken und Stühlen, nötigenfalls auch mit Pritschen zum Ruhen, mit Waschvorrichtungen und Kochgelegenheiten ausgestattet. Eine Anzahl verschließbarer Schränke gibt den Bediensteten Gelegenheit, Kleidungsstücke, Wertgegenstände und Eßwaren während der Beschäftigung sicher aufzubewahren. Durch Anbringen eines einfachen billigen Wandschmucks und Vorhalten von geeignetem Lesestoff ist ferner dafür gesorgt, den Aufenthalt zu einem behaglichen zu gestalten. Den Güterbodenarbeitern dienen für diesen Zweck entweder besondere Zimmer der Abfertigungsräume, oder es sind an geeigneter Stelle der Güterböden ausreichend große, heizbare, mit Decke und Fenstern versehene Räume hergestellt. Für das Stationspersonal sind in der Regel besondere, über den Bahnhof in der Nähe der regelmäßigen Arbeitsstellen verteilte kleinere Gebäude errichtet. Als Aufenthaltsräume für Streckenarbeiter, deren Beschäftigungsort fortgesetzt wechselt, dienen in der Regel unbenutzte Wärterbuden, Wellblechbuden, tragbare Zelte, Schutzhütten oder Wagenkasten, die mit sogenannten Kanonenöfen ausgestattet sind. Vielfach werden auch besondere, außerhalb der Aufenthaltsräume aufgestellte Feldherde zum Zubereiten und Aufwärmen der Speisen und Getränke benutzt. In den Werkstätten wird dafür gesorgt, daß zweckmäßige Wascheinrichtungen und Kleiderschränke vorhanden sind. Alle diese Einrichtungen zu verbessern und zu vervollkommnen, ist die Verwaltung unablässig bestrebt. Wenn auch mit Nachdruck darauf gehalten wird, daß die Übernachtungsräume den an sie zu stellenden Anforderungen entsprechen und die unbedingt notwendige Sauberkeit in ihnen vorherrscht, so wird doch bei Aufstellung der Diensteinteilung darauf Rücksicht genommen, daß die Bediensteten nicht mehr, als durch die Bedürfnisse des Dienstes unbedingt geboten, genötigt sind, die Dienstpausen und Ruhezeiten außerhalb ihrer Häuslichkeit zu verbringen. Da, wo dies nur deshalb erforderlich ist, weil wegen Mangels geeigneter Wohnungen in der Nähe der Dienst- und Arbeitsstellen die Bediensteten zu weit entfernt von der Stätte ihrer regelmäßigen Tätigkeit wohnen müssen, wird auf Herstellung staatseigener Wohnungen Bedacht genommen.

2. Verpflegung.
Einrichtungen zum Zubereiten und Wärmen der Speisen.

Von besonderer Wichtigkeit erscheint die Fürsorge für eine angemessene Verpflegung insbesondere bei den Bediensteten, die, wie das Fahrpersonal, durch den Dienst an und für sich schon zu Unregelmäßigkeiten in der Lebensweise genötigt sind. Die Verwaltung hat es deshalb von jeher als eine wichtige Aufgabe betrachtet, daß allen Bediensteten, die nicht in der Lage sind, die Hauptmahlzeiten in ihrer Häuslichkeit einzunehmen, Gelegenheit gegeben wird, das von Hause mitgenommene Essen aufzuwärmen, oder sich das Essen nach den Arbeitsstätten nachsenden zu lassen, oder auch, wenn beides nicht möglich ist, Essen zu einem mäßigen Preise zu kaufen. Den Zugbegleitungspersonalen ist durch Aufstellen von Gaskochern in den Gepäckwagen der Personenzüge und von eisernen Öfen in den Gepäckwagen der Güterzüge ausreichende Gelegenheit zum Aufwärmen und zum Zubereiten einfacher Speisen geboten. Das Gleiche gilt vom Lokomotivpersonal, das sich für diesen Zweck in geschickter Weise die Außenwände der Lokomotivkesselbekleidung nutzbar zu machen pflegt. Neuerdings sind aber auch auf mehreren Lokomotiven versuchsweise besondere Vorrichtungen zum Wärmen von Speisen und Getränken angebracht worden, die aus einfachen, innen mittels einer 1 mm starken Asbestschicht verkleideten und durch eine durchbrochene Bodenplatte abgeschlossene Blechkasten von 2 mm Wandstärke mit abnehmbarem Deckel oder einflügeliger Drehtür in der Vorderwand bestehen und auf dem Hinterkessel zu beiden Seiten der Kesselmitte an geeigneter Stelle je nach Lage der Armaturen angebracht werden. Von der Bewährung dieser Versuche wird es abhängen, ob die Maßregel sich zur allgemeinen Einführung eignet. Daneben bestehen für die bisher genannten Bediensteten gleiche Einrichtungen in sämtlichen Übernachtungs- und Aufenthaltsräumen. In gleicher Weise stehen dem Stations-, Güterboden- und Streckenpersonal solche Einrichtungen in den für sie bestimmten Aufenthaltsräumen zur Verfügung.

Auch sind Vorkehrungen getroffen, die es ermöglichen, das in der Häuslichkeit hergestellte Mittagessen mit den Zügen an die Arbeitsstellen nachzusenden. Hiervon ist in den einzelnen Direktionsbezirken in ganz verschiedenem Umfange Gebrauch gemacht worden. Während in einigen Bezirken — östlichen sowohl wie westlichen — die Maßregel kaum zur Anwendung gekommen ist, erfreut sie sich in anderen — wiederum sowohl östlichen wie westlichen — großer Beliebtheit. So ließen sich im Sommer 1906 allein im Direktionsbezirk Mainz täglich rund 2 770 Bedienstete das Mittagessen mit den Zügen nachsenden. Es ist hiernach anzunehmen, daß von dieser Fürsorgemaßregel, wenn ihr Nutzen das volle Verständnis bei den Beteiligten gefunden haben wird und die Nachsendung sich prompt vollzieht, in größerem Umfange wird Gebrauch gemacht werden.

Beförderung des Essens an die Arbeitsstelle.

Zur Erleichterung einer angemessenen Verpflegung der Eisenbahnbediensteten sind ferner die Bahnwirte vertraglich verpflichtet, ein einfaches kräftiges Mittag- und Abendessen zu einem mäßigen Preise -- in der Regel 40 bis 50 Pf. — zu liefern.

Preisermäßigungen in Bahnwirtschaften.

Die sogenannten Kochkisten haben trotz umfassender Versuche und mannigfacher Verbesserungen keinen allgemeinen Eingang bei den Bediensteten gefunden. Sie sind bei diesen nicht beliebt, weil sie wegen ihrer Schwere die Träger zu sehr belasten, weil ferner bei frühzeitigem Dienstbeginn die Ehefrauen zwecks Herrichtung der Kochkisten genötigt sind, die Nachtruhe zu unterbrechen und weil zur Fertigstellung des Mittagessens für die ganze Familie doppelte Feuerungskosten entstehen.

Kochkisten.

Auf mehreren größeren Stationen sind die am Orte bestehenden Einrichtungen gemeinnütziger Anstalten zur Beschaffung einer kräftigen billigen Mittagskost auch den Eisenbahnbediensteten durch Abschluß entsprechender Verträge zugänglich gemacht worden. In größerem Umfange ist hiervon u. a. in Frankfurt a. M. Gebrauch gemacht, wo die dortige Gesellschaft für Wohlfahrtseinrichtungen in den Räumen des Hauptbahnhofs eine Küchenwirtschaft eingerichtet hat, die zu außerordentlich billigen Preisen schmackhafte Speisen und Getränke verabfolgt. Dieselbe Gesellschaft liefert auch dem Fahrpersonal Mittagessen zum Preise von 30 Pf. in Kochkisten zur Mitnahme während der Fahrt. Die Bediensteten haben nur am Tage vorher anzugeben, zu welchem Zuge das Essen geliefert werden soll, woraufhin es zu diesem Zuge zur Mitnahme bereitgestellt wird. Schließlich versorgt die Gesellschaft auch die Arbeiter der vom Hauptbahnhof abseits gelegenen Hauptwerkstätte mit warmem Mittagessen zum gleichen Preise, indem sie es ihnen in einem entsprechend eingerichteten und mit Wärmeschutzvorrichtungen ausgestatteten Speisewagen zuführt.

Anschluß an gemeinnützige Anstalten.

Kantinen.

Die Eisenbahnverwaltung hat aber auch selbst auf größeren Stationen und in den Werkstätten Kantinen eingerichtet, die zu billigen Preisen Speisen und Getränke, einschließlich leichten Bieres, aber mit Ausschluß von Branntwein abgeben. Die Verwaltung dieser Kantinen ist in der Regel pensionierten Bediensteten übertragen, oder es haben sich Gemeinschaften von Bediensteten gebildet, die den Betrieb auf eigene Rechnung führen. An einzelnen Orten haben auch die Eisenbahnvereine die Einrichtung und Leitung der Kantinen in die Hand genommen. Da es sich hierbei nicht um die Erschließung einer Einnahmequelle für die Verwaltung, sondern um Wohlfahrtseinrichtungen handelt, wird in der Regel nur eine mäßige Pacht erhoben, und von deren Erhebung ganz abgesehen, wenn

    a) nach Lage der Verhältnisse die Speisen und Getränke den Eisenbahnbediensteten nicht zu genügend billigen Preisen würden geliefert werden können,

    b) keine alkoholischen Getränke verabreicht werden,

    c) Gemeinschaften von Eisenbahnbediensteten den Betrieb übernehmen und die Überschüsse zu Wohlfahrtszwecken verwenden.

Außer dem vollständigen Pachterlaß können den Pächtern der Kantinen auch noch weitere Wirtschaftserleichterungen z. B. bei der Stellung des Bedienungspersonals und der Übernahme der Heizungs- und Beleuchtungskosten gewährt werden. Dadurch sind die Pächter in der Lage, die Speisen zu sehr billigen Preisen (für ein Mittagessen meist nur 20—30 Pf.) zu liefern, was weiter zur Folge hat, daß die Kantinen in steigendem Maße benutzt werden. Da die Einnahme einer warmen Mittagsmahlzeit in gesundheitlicher Beziehung von großem Werte ist, sind die Eisenbahndirektionen ermächtigt worden, in geeigneten Fällen den Betrieb dieser Anstalten auf eigene Rechnung zu betreiben.

Beschaffung und Lieferung alkoholfreier Getränke.

Die Beschaffung billigen Essens hat in der letzten Zeit dadurch noch erheblich an Bedeutung gewonnen, daß allen im Betriebsdienste, einschließlich des Fahr-, Rangier- und Bahnbewachungsdienstes tätigen Beamten, Hilfsbeamten und Arbeitern, ferner den im Bahnsteigschaffner-, Portier- und Wächterdienst beschäftigten Bediensteten der Genuß alkoholhaltiger Getränke während des Dienstes und während der Dienstbereitschaft im Bahnbereich verboten worden ist. Es ist bekannt, daß in manchen, wenig aufgeklärten Kreisen der Alkohol immer noch als ein Ersatz für feste Speisen betrachtet wird, und daß man mit einem Schluck Branntwein oder mit einem Glase Bier das sich im Magen geltend machende Gefühl des Hungers zu betäuben sucht. Sollte also die Durchführbarkeit des Alkoholverbots nicht von vornherein auf unüberwindbare Schwierigkeiten stoßen, so mußte den Bediensteten die Möglichkeit geboten werden, sich warme oder kalte Speisen auf leichte Art zu verschaffen. Da aber andererseits der Genuß alkoholischer Getränke auch dazu dient, das Durstgefühl zu löschen, so war es auch notwendig, daß die Bediensteten leicht eine Gelegenheit fanden, je nach der Jahreszeit wärmende oder kühlende alkoholfreie Getränke sich entweder selbst zuzubereiten oder sich zu mäßigen Preisen zu beschaffen. Um dies zu erreichen, besteht die Anordnung, daß auf den Stationen, wo ein Bedürfnis hierfür besteht, kochendes Wasser an die Bediensteten, die sich selbst Kaffee zubereiten wollen, unentgeltlich verabreicht wird. Daneben sind auf zahlreichen größeren Stationen und in vielen Werkstätten Kaffeemaschinen teils auf Kosten der Verwaltung, teils auf Kosten von Gemeinschaften aufgestellt worden, mittels deren Kaffee zu äußerst niedrigen Preisen hergestellt wird. In gleicher Weise sind Vorrichtungen zur Herstellung von Brausewasser und Brauselimonade beschafft worden, die gesunde und billige Getränke liefern. Sämtliche Getränke werden zum Selbstkostenpreise an die Beteiligten abgegeben, oder es wird — bei den von den Bediensteten selbst beschafften Vorrichtungen — ein geringer Zuschlag zur Erzielung eines Überschusses für Wohlfahrtszwecke erhoben. Um auch den kleineren Stationen, auf denen die Aufstellung von Brausewasserapparaten nicht lohnend erscheint, den Bezug eines billigen Wassers zu ermöglichen, sind die Einrichtungen überall dahin vervollkommnet worden, daß von gewissen, für den Versand günstig gelegenen Zentralen aus der ganze Bezirk mit Brausewasser und Brauselimonade versorgt wird. Außerdem ist die Herstellung von Tee, Kakao und Bouillon zum Gegenstande ausgedehnter Versuche gemacht und auch die Beschaffung eines leichten alkoholarmen Bieres empfohlen worden. Die Eisenbahndirektionen sind angewiesen, sich die weitere Ausbildung der geschaffenen Einrichtungen angelegen sein zu lassen und mit Einrichtungen, die sich in anderen Bezirken bewährt haben, auch im eigenen Bezirk Versuche anzustellen. Als ein erfreuliches Zeichen mag hier noch hervorgehoben werden, daß sich anscheinend auch der Genuß der Milch immer mehr einbürgert. Insbesondere in den westlichen Bezirken ist der Verbrauch ein steigender. Hier haben mehrere Eisenbahndirektionen mit der gemeinnützigen Gesellschaft für Milchausschank in Rheinland und Westfalen Abkommen getroffen, nach welchen diese in der Nähe der Bahnhöfe Milchausschankhäuschen aufgestellt hat, die außer für Eisenbahnbedienstete auch für das gesamte Publikum zugänglich sind. Um aber die Bediensteten nicht zu nötigen, für diesen Zweck Aufwendungen zu machen, ist dafür gesorgt, daß in der Nähe jeder dauernden Arbeitsstelle gutes Trinkwasser jederzeit erhältlich ist.

Damit auch bei Anlässen, die außerordentliche Anforderungen an die Kräfte der Bediensteten stellen, deren Dienstfähigkeit sichergestellt ist, werden den Zugpersonalen bei großer Kälte oder bei ungewöhnlicher Ausdehnung der Fahrzeit, ferner den bei der Wiederherstellung unfahrbarer

Verabreichung stärkender Speisen und Getränke.

Strecken beschäftigten Arbeitern besondere stärkende Speisen und Getränke für Rechnung der Verwaltung verabreicht.

Die gleiche Vergünstigung wird auch dem Rangierpersonal bei nassem, kalten Wetter zuteil.

C. Maßnahmen zur Verhütung von Unfällen und Hilfeleistung bei Unfällen.

1. Unfallverhütungsvorschriften.

Der Verhütung von Unfällen dienen in erster Linie die für alle im äußeren Betriebsdienste tätigen Beamten und Arbeiter bestehenden Dienstvorschriften, die für jede einzelne Klasse die Ausübung des Dienstes so regeln, wie er ohne Gefahr für Leben und Gesundheit auszuüben ist. Daneben ist durch umfangreiche, dem jeweiligen Stande der Technik entsprechende Sicherheitsvorrichtungen insbesondere an maschinellen Einrichtungen dafür gesorgt, daß die mit der Bedienung solcher Apparate betrauten Personen nach Möglichkeit den Gefahren entrückt werden, welchen sie bei unachtsamer Handhabung dieser Einrichtungen ausgesetzt sind. In eingehender Weise sind außerdem durch die in Gemäßheit der § 112 ff. des Gewerbe-Unfallversicherungsgesetzes erlassenen Unfallverhütungsvorschriften Anordnungen getroffen, die das Verhalten des Aufsichtspersonals und der Arbeiter bei allen mit einer gewissen Unfallgefahr verbundenen Verrichtungen im Eisenbahnbetriebe und seinen Nebenbetrieben regeln. Diese Vorschriften zerfallen in zwei Hauptabteilungen, eine für Aufsichtsbeamte und eine für Arbeiter. Sie schreiben genau vor, wie die Arbeitsstellen, baulichen Anlagen, Kraft- und Werkzeugmaschinen, Dampfkessel, Wellenleitungen, Hebezeuge, elektrischen Anlagen usw. beschaffen und mit welchen Sicherheitseinrichtungen sie versehen sein sollen. Sie enthalten für die Arbeiter genaue Verhaltungsmaßregeln für die Bedienung aller mit Dampfkraft oder Elektrizität betriebenen Anlagen, für den Aufenthalt an den Arbeitsstätten und innerhalb der Betriebsanlagen, für den Rangier- und Zugdienst, für den Dienst an Dampfkesseln usw. und treffen Bestimmungen über zweckmäßige Beschaffenheit der Arbeitskleidung, die Fernhaltung kranker oder durch Alkoholgenuß geschwächter Personen von den Betriebsstätten, die Behandlung von Wunden usw. Die Unfallverhütungsvorschriften werden nach Maßgabe der gemachten Erfahrungen und der etwa ergehenden gesetzlichen und polizeilichen Bestimmungen fortlaufend ergänzt, wobei auch die von den Arbeiterausschüssen gegebenen Anregungen berücksichtigt werden. Die besondere Fürsorge für ihre weitere Ausgestaltung ist einem aus drei Eisenbahndirektionen bestehenden Ausschuß übertragen.

Um bei vorkommenden Fällen möglichst schnell die erste Hilfe leisten zu können, sind die Gepäckwagen eines jeden Zuges mit einem kleinen sogenannten Rettungskasten ausgerüstet, der die für die erste Hilfeleistung erforderlichen Gegenstände enthält. Außerdem befindet sich auf jedem Bahnhofe und in jeder Hauptwerkstatt ein großer Rettungskasten, der in noch größerem Umfange Verbandmaterial und die für den Arzt erforderlichen Instrumente enthält; ihm ist auch eine zusammenlegbare Tragbahre beigegeben. Mit der Einrichtung der Rettungskasten werden sämtliche Beamten und Arbeiter des Bahnhofs- und Zugdienstes bekannt gemacht. Sie werden durch die Bahnärzte theoretisch und praktisch in der Verwendung der Verbandmittel, in der Behandlung von Wunden, Knochenbrüchen usw. unterrichtet, so daß sie in der Lage sind, vor Ankunft des Arztes die nächsten Verhaltungsmaßregeln zu treffen. Durch Wiederholungskurse werden die Kenntnisse lebendig erhalten und ergänzt.

Eine besondere Erweiterung haben diese Maßnahmen durch die Einrichtung besonderer Hilfszüge erfahren, die aus einem zur Aufnahme schwer verletzter Personen eingerichteten, sogenannten Arztwagen und einem Gerätewagen bestehen und lediglich zur Verwendung bei Eisenbahnunfällen bestimmt sind. Die vorhandenen 80 Hilfszüge sind auf geeignete Stationen so verteilt, daß sie in möglichst kurzer Zeit zu einer Unfallstelle befördert werden können. Der Gerätewagen enthält die Werkzeuge und Hilfsmittel, die zu Aufräumungs- und Aufgleisungsarbeiten erforderlich sind, und einen tragbaren Fernsprecher zwecks Herstellung einer schnelleren Verbindung mit der nächsten Station. Der Arztwagen besteht aus einem besonderen Arzt- und Krankenraum und ist mit den für die ärztliche Hilfeleistung und Krankenpflege notwendigen Instrumenten usw. ausgerüstet. Die Abfahrt der Hilfszüge muß unter allen Umständen bei Tage spätestens 30 Minuten, bei Nacht spätestens 45 Minuten nach Eintreffen der ersten Unfallmeldung geschehen. Die zu ihrer Begleitung erforderlichen Ärzte, Samariter und Handwerker sind ein für allemal bestimmt. Mindestens zweimal im Jahre, darunter einmal zur Nachtzeit wird eine unvermutete Alarmierung der zur Begleitung der Hilfszüge berufenen Personen vorgenommen und der Hilfszug zur angenommenen Unfallstelle abgelassen. Hierbei findet eine Übung mit den Mannschaften im Rettungsdienste statt.

2. Organisation der Hilfeleistung bei Unfällen.

II. Wohnungsfürsorge.

Staatseigene
Wohnungen.

Eine besondere Fürsorge hat die Staatseisenbahnverwaltung von jeher den Wohnungsverhältnissen ihrer Bediensteten zugewendet. Wenn ursprünglich für die Herstellung staatseigener Wohnungen auch lediglich das dienstliche Bedürfnis den Maßstab gebildet haben mag, so hat doch schon seit vielen Jahren sich ihre Tätigkeit auf die Verbesserung der Wohnungsverhältnisse der Bediensteten überhaupt, insbesondere der gering besoldeten Beamten und Arbeiter erstreckt. Wenn irgendwo, so erfordert der Dienst des Eisenbahnbediensteten, daß er die Ruhezeiten zwischen den einzelnen Dienstschichten unter behaglichen häuslichen Verhältnissen zubringen kann. Ist er doch oft genötigt, nach anstrengendem Nachtdienst am Tage der Ruhe zu pflegen, während die übrigen Mitglieder seiner Familie im Hause tätig sein müssen. Je größer die Familie, desto schwieriger ist es oft, ein zum Schlafen am Tage geeignetes Zimmer bereit zu halten. Denn auch bei den Eisenbahnbediensteten zeigt sich häufig, wie sonst überall, die Erscheinung, daß, je größer die Familie, desto kleiner die Wohnung ist, weil mit dem feststehenden Einkommen gewisse unvermeidliche Bedürfnisse befriedigt werden müssen und die Ansicht vorherrscht, bei der Wohnungsmiete am ersten sparen zu können.

In Fällen, in denen das dienstliche Bedürfnis es erfordert, daß die Eisenbahnbediensteten in der Nähe der Bahnhöfe und sonstiger Betriebsstätten wohnen, wird im Verwaltungswege für die nötigen Wohnungen gesorgt. Auch wird den Wohnungen, wenn die Beschaffung der zum Haushalt erforderlichen Garten- und Feldfrüchte erschwert ist, Gartenland in angemessener Größe unentgeltlich beigegeben. Besondere Maßregeln sind in dieser Hinsicht in den Bezirken der Königlichen Eisenbahndirektionen Bromberg, Danzig, Kattowitz, Königsberg und Posen erforderlich geworden. Hier stieß die Heranziehung brauchbarer deutscher Arbeiter, insbesondere Bahnunterhaltungsarbeiter, vielfach auf Schwierigkeiten, weil diese meist keine ihren Verhältnissen entsprechende Wohnung fanden und weil sie hinsichtlich der Beschaffung der täglichen Lebens- und Wirtschaftsbedürfnisse oft in eine gewisse Abhängigkeit von der ansässigen ländlichen Bevölkerung gerieten, die den Interessen des Dienstes nicht entsprach. Es mußte deshalb neben der Beschaffung einer entsprechenden Wohnung auch dafür Sorge getragen werden, daß den Mietern durch Überweisung von Garten- und Ackerland Gelegenheit geboten wurde, die regelmäßigen Bedürfnisse des täglichen Lebens mit den Erzeugnissen des eigenen Wirtschaftsbetriebes zu befriedigen und etwas Vieh zu halten. Zu diesem

Zwecke ist mit einer planmäßigen Besiedlung zunächst der Strecken Bentschen—Skalmierzyce, Hohensalza—Rogasen, Nakel—Gnesen und Pudewitz—Hohensalza in der Weise vorgegangen worden, daß Einfamilienhäuser in Form der aneinander gereihten Einzelhäuser erbaut wurden, die im Erdgeschoß eine Küchenstube, eine Wohnstube und eine Kammer, im Dachgeschoss ausser den erforderlichen Bodenräumen eine heizbare Dachstube enthalten. Als Nebenanlagen sind für jedes Haus ein Stall mit Futterboden, ein Abort, eine Einfriedigung und — gegebenenfalls für zwei Häuser gemeinsam — ein Brunnen, ein Backofen und eine Waschküche hergestellt worden. Außerdem ist jeder Wohnung 10 a Gartenland und bis zu zwei preußischen Morgen (rund 50 a) Ackerland beigegeben worden. Die Mieter zahlen für die Wohnungen einschließlich des Gartenlandes den in der Regel mäßigen örtlichen Mietpreis und für das Ackerland eine Pacht, die im allgemeinen $3\,^0/_0$ des Anschaffungswertes, höchstens aber 15 M. für den Morgen beträgt. Für die Besiedlung, die sich nur auf die freie Strecke und auf kleinere Ortschaften erstreckt, sind nur solche Plätze ausgewählt worden, bei denen eine deutsche kirchliche Versorgung gesichert ist und die Schulverhältnisse in befriedigender Weise geregelt sind. Bisher ist für diesen Zweck ein Betrag von 1 080 000 M. zur Verfügung gestellt worden.

Bei der großen volkswirtschaftlichen Bedeutung der Wohnungsfrage kann aber die Staatseisenbahnverwaltung sich nicht darauf beschränken, nur dem unmittelbar dienstlichen Bedürfnisse zur Herstellung von Wohnungen zu genügen. Sie muß vielmehr in praktischer Mitarbeit an den Aufgaben einer gesunden und maßvollen Sozialpolitik ihr Streben planmäßig darauf richten, die Wohltat einer gesunden und preiswerten Wohnung auch einem weiteren Kreise ihrer Bediensteten zuteil werden zu lassen. Die materielle Grundlage für die Verwirklichung dieses Ziels boten vornehmlich die reichen Geldbeträge, die durch die Gesetze, betreffend die Bewilligung von Staatsmitteln zur Verbesserung der Wohnungsverhältnisse von Arbeitern, die in staatlichen Betrieben beschäftigt sind, und von gering besoldeten Staatsbeamten, (sogenannte Kleinwohnungsgesetze) zur Verfügung gestellt sind. Durch die bisher ergangenen neun Gesetze — die Veröffentlichung des zehnten Gesetzes steht bevor — sind im ganzen 89 000 000 M. bereitgestellt worden. Von diesem Betrage wurden seitens der Eisenbahnverwaltung rund 39 000 000 M. für Wohnungszwecke in Anspruch genommen. Die Wohnungen sind vorwiegend in Häusern mit vier und sechs Wohnungen errichtet und bestehen bei den Unterbeamten, Hilfsunterbeamten und Arbeitern aus zwei bis vier, und bei den mittleren Beamten aus vier bis fünf Räumen, wobei die Küche als Raum mitgerechnet ist. Als Zubehör haben sie einen Vorraum, eine Speisekammer oder einen Speiseschrank, eine Spülkammer oder einen Spülschrank, einen Abort — wenn irgend möglich von der Wohnung aus zugänglich — einen Keller und einen Bodenraum oder an Stelle des letzteren eine bewohnbare Dachkammer und den Anteil an einem Trockenboden und einer Waschküche. Bei ländlichen Verhältnissen kommt ein Stall für Kleinvieh nebst Futterboden und etwas Gartenland hinzu.

Am 1. Oktober 1906 waren aus Mitteln dieser Kleinwohnungsgesetze an 318 Orten bereits 1157 Wohnhäuser mit 8695 Wohnungen, von denen 354 fünfräumig, 1693 vierräumig, 5796 dreiräumig, 852 zweiräumig sind, hergestellt oder in der Bauausführung begriffen.

Die Mieten für die Wohnungen werden in mäßiger Höhe festgesetzt und bleiben fast durchweg hinter denen gleichwertiger Privatwohnungen nicht unerheblich zurück.

Baudarlehne. Die Mittel der Kleinwohnungsgesetze dürfen auch zur Gewährung von Darlehnen an gemeinnützige Baugenossenschaften verwendet werden, wenn den Genossenschaften in erheblicher Zahl untere und mittlere Staatsbeamte oder in staatlichen Betrieben beschäftigte Arbeiter angehören. Die Darlehnsbedingungen sind für die Darlehnsnehmer durchaus günstige. Die Darlehne werden an zweiter Hypothekenstelle bis zur Höhe von 90 % des Bau- und Bodenwertes oder 100 % des Bauwertes des Hauses gewährt und sind bei einer einprozentigen jährlichen Tilgung nur in Höhe von 3 % zu verzinsen. Bis zum 1. Oktober 1906 sind an 63 Baugenossenschaften Darlehne von zusammen 18 000 000 M. gewährt oder zugesagt worden, mit deren Hilfe in 1088 Häusern 7153 Wohnungen, davon 133 sechsräumig, 607 fünfräumig 2271 vierräumig, 3296 dreiräumig, 779 zweiräumig und 67 einräumig, hergestellt oder noch in der Ausführung begriffen sind. In den Genossenschaftshäusern waren 5 891 Wohnungen und zwar 96 sechsräumige, 404 fünfräumige 1 911 vierräumige 2 851 dreiräumige, 622 zweiräumige und 7 einräumige, an Staatsbedienstete vermietet.

Außer an gemeinnützige Baugenossenschaften werden Baudarlehne auch an verheiratete Unterbeamte und ständige Arbeiter der Eisenbahnverwaltung, die der Militärpflicht genügt, das 25. Lebensjahr erreicht und das 45. noch nicht überschritten haben und noch kein Haus besitzen, zur Herstellung von Ein- und Zweifamilienhäusern gewährt. In diesen Fällen wird das Darlehn bis zur Höhe von Dreivierteln der Gebäudeselbstkosten, und bei dem Zweifamilienhause bis zur Höhe von 6000 M. an erster Hypothekenstelle gewährt. Es ist jährlich mit $3^1/_2$ % zu verzinsen und mit $2^1/_2$ % zu tilgen.

Auch die Pensionskasse für die Arbeiter der preußisch-hessischen Eisenbahngemeinschaft hat zur Verbesserung der Wohnungsverhältnisse dadurch wesentlich beigetragen, daß sie aus ihren Mitteln Darlehne in großem Umfange an gemeinnützige Baugenossenschaften zur Herstellung von Kleinwohnungen gegeben hat, die ausschließlich oder überwiegend ihren Kassenmitgliedern vermietet werden. Diese Darlehne sind in der Regel gegen 3 bis $3^1/_2$ % Verzinsung neben $^1/_2$ % Tilgung, zum Teil über die Grenzen der Mündelsicherheit hinaus bis zu 80 %, ausnahmsweise bis zu 90 % des Bauwertes oder bis zu 75 % des Bau- und Bodenwertes des Hauses gewährt worden.

Die Wohnungsfürsorge der Staatseisenbahnverwaltung hat sich endlich **Ledigenheime.** auch darin betätigt, daß sie auf einer Anzahl von Stationen einfach ausgestattete Zimmer als Wohn- und Schlafräume für unverheiratete Arbeiter hat herstellen lassen. Diese Unterkunftsräume sind teils für einzelne Arbeiter bestimmt, teils für die gemeinsame Benutzung durch mehrere — in der Regel zwei — eingerichtet. Eine von dem Hausverwalter eingerichtete Kantine bietet den Mietern Gelegenheit, sich angemessen und billig zu beköstigen, während für Reinigung, Heizung und Beleuchtung die Verwaltung sorgt. Die Räume, die sehr begehrt sind, sind namentlich wertvoll für große Güter- und Rangierbahnhöfe an solchen Orten, die wegen ihrer raschen Entwicklung an Wohnungsmangel leiden. Ihre Einrichtung bietet außerdem den doppelten Vorteil, daß die unverheirateten Arbeiter dadurch dem oft verderblichen Schlafstellenwesen und dem meist noch schädlicheren Wirtshausleben entzogen werden, und daß die Verwaltung in Fällen plötzlich auftretenden Bedürfnisses stets einen Stamm geschulter Arbeiter zur Stelle hat. Im Sommer 1906 waren an 50 Orten solche Wohnräume hergestellt, während an 11 weiteren Orten solche in der Ausführung begriffen oder in Aussicht genommen waren. Die Mietpreise für derartige Räume werden sehr niedrig gehalten; in der Regel werden keine höheren Preise als 10 bis 20 Pf. für den Tag erhoben.

III. Arbeiterversicherung.

1. Krankenversicherung.

Für jeden der 21 Eisenbahndirektionsbezirke ist auf Grund der **a) Betriebs-** Vorschriften in den §§ 59 ff. des Krankenversicherungsgesetzes vom **krankenkassen.**

15. Juni 1883
10. April 1892   eine Betriebskrankenkasse errichtet.
25. Mai 1903

Jede dieser Kassen umfaßt sämtliche im Direktionsbezirk außerhalb des Beamtenverhältnisses beschäftigten versicherungspflichtigen Bediensteten (Betriebs- und Werkstättenarbeiter).

Soweit die beschäftigten Beamten krankenversicherungspflichtig sind (die Beamten mit einem Diensteinkommen von nicht mehr als 2000 M.), sind sie von dieser Verpflichtung dadurch befreit worden, daß die Eisenbahnverwaltung ihnen in Erkrankungsfällen die im § 6 des Krankenversicherungsgesetzes bezeichneten Leistungen (freie ärztliche Behandlung, Arznei, Heilmittel, Krankengeld) auf die gesetzliche Dauer gewährleistet hat.

Anzahl der Mitglieder.

Die Betriebskrankenkassen zählten an Mitgliedern:

im Jahre	durchschnittlich am ersten Tage jedes Monats	darunter freiwillige	verbleiben als versicherungspflichtige Kassenmitglieder im Durchschnitt
1900	232 127	1 367	230 760
1901	237 372	1 420	235 952
1902	234 223	1 444	232 779
1903	246 154	1 344	244 810
1904	262 754	1 508	261 246
1905	280 098	1 527	278 571

Beiträge.

Im Jahre 1905 erhoben von den 21 Betriebskrankenkassen:

16 einen Beitrag von 3 %

3 „ „ „ 3,3 %

1 „ „ „ 3,5 %

1 „ „ „ 3,6 %

des Arbeitsverdienstes ihrer Mitglieder, soweit er den Betrag von fünf Mark für den Arbeitstag nicht übersteigt. Diese Beiträge werden zu zwei Dritteln von den Mitgliedern, zu einem Drittel von der Eisenbahnverwaltung gezahlt.

Die laufenden Beiträge der versicherungspflichtigen Mitglieder betrugen im Jahre 1905 rd. 5 401 706 M., im Durchschnitt für ein Mitglied:

im Jahre	auf M.	im Jahre	auf M.
1896	16,73	1901	18,38
1897	16,82	1902	18,52
1898	17,14	1903	18,55
1899	17,77	1904	19,23
1900	18,26	1905	19,39

Die Steigerung der Beiträge beruht im wesentlichen auf der Erhöhung des der Beitragsberechnung zugrunde gelegten Lohneinkommens.

Der Beitrag der Eisenbahnverwaltung, die außerdem die gesamten Kosten der Kassen- und Rechnungsführung bestreitet, betrug im Jahre 1905: 2 701 280 M. und belief sich im Zeitraum von 1896 bis 1905 auf rund 21 407 000 M.

Die Leistungen aller Betriebskrankenkassen gehen teils in der Dauer, teils in der Höhe über die durch das Krankenversicherungsgesetz vorgeschriebenen Mindestleistungen hinaus.

Die ärztliche Hilfe wird in der Regel durch Ärzte, die von der Kasse für bestimmte Bezirke bestellt sind, geleistet, sei es, daß die Kranken nur einen bestimmten Arzt in Anspruch nehmen, sei es, daß sie unter mehreren wählen dürfen (sogenannte beschränkte freie Arztwahl). Für Fälle der letzteren Art besteht in der Regel die Anordnung, daß die Wahl, von besonderen Anlässen abgesehen, jährlich nur einmal ausgeübt werden darf. An einzelnen Orten, namentlich an solchen, an denen nur eine verhältnismäßig geringe Zahl von Bediensteten beschäftigt und auch die Zahl der Ärzte nicht groß ist, besteht die Einrichtung, daß die Kassenmitglieder unter allen am Orte ansässigen Ärzten, die gewisse Voraussetzungen erfüllen, wählen dürfen.

Die Betriebskrankenkassen übernehmen auch in weiterem Umfange die Kosten der Behandlung durch Spezialärzte. Die ärztliche Behandlung ist ferner über das gesetzliche Mindestmaß ausgedehnt, nicht nur insofern, als sie bei einer größeren Zahl von Betriebskrankenkassen den Kassenmitgliedern selbst über 26 Wochen hinaus gewährt wird, sondern vornehmlich auch dadurch, daß sie auch den Familienangehörigen in der Regel auf die gleiche Dauer wie den Kassenmitgliedern zuteil wird.

Zu den Familienangehörigen werden gerechnet: Die Ehefrau oder die an ihrer Stelle den Haushalt führende Tochter, Mutter oder Schwester des Mitgliedes, Kinder, auch Stiefkinder, die das 15. Lebensjahr noch nicht überschritten haben oder ältere, erwerbsunfähige Kinder, Eltern und Schwiegereltern, deren Unterhalt von dem Kassenmitgliede nachweislich ganz oder größtenteils aus seinem Arbeitsverdienste bestritten wird.

Im Jahre 1905 gewährten ärztliche Behandlung:

a) Den Kassenmitgliedern selbst:

11 Kassen auf 26 Wochen
3 „ „ 30 „
3 „ „ 39 „
4 „ „ 52 „

b) Den Familienangehörigen:

1 Kasse   auf 20 Wochen
12 Kassen „ 26   „
 2   „   „ 30   „
 2   „   „ 39   „
 4   „   „ 52   „

Die Ausgaben der Betriebskrankenkassen für ärztliche Behandlung der Kassenmitglieder und ihrer Familienangehörigen haben insgesamt und im Durchschnitt für ein Mitglied betragen:

im Jahre	überhaupt	Durchschnittlich für ein Mitglied	
		bei den Eisenbahnbetriebskrankenkassen M.	bei allen Betriebskrankenkassen des Reiches M.
1896	1 256 879	6,38	4,47
1897	1 334 028	6,17	4,56
1898	1 415 414	6,09	4,69
1899	1 503 572	6,48	4,90
1900	1 540 282	6,64	5,05
1901	1 580 109	6,66	5,20
1902	1 622 699	6,92	5,33
1903	1 689 692	6,86	5,50
1904	1 938 384	7,38	6,01
1905	2 190 774	7,82	—

Auch die Kosten der für die Angehörigen gelieferten Arzneien und Heilmittel werden in Erweiterung der gesetzlichen Leistungen ganz oder zum Teil von den Betriebskrankenkassen übernommen. Sie gewährten im Jahre 1905 sämtlich den Kassenmitgliedern und ihren Familienangehörigen freie Arznei und Heilmittel auf die gleiche Dauer, wie die ärztliche Behandlung.

Die Kosten der Arzneien und Heilmittel für die Familienangehörigen wurden im Jahre 1905 übernommen:

von 1 Kasse zu 10 %
 „ 1   „   „ 33 ¹/₃ %
 „ 6 Kassen „ 50 %
 „ 5   „   „ 66 ²/₃ %
 „ 2   „   „ 75 %
 „ 6   „ zum vollen Betrage.

Die Kosten hierfür beliefen sich im Jahre 1905 auf rund 499 000 M.

Die durch das Gesetz vom 25. Mai 1903 (R. G. B. S. 233 ff.) erfolgte   Krankengeld.
Ausdehnung der Mindestdauer für die Gewährung des Krankengeldes von
13 auf 26 Wochen ist auf die Betriebskrankenkassen ohne Einfluß gewesen,
da sie sämtlich bereits vorher Krankengeld mindestens auf die Dauer von
26 Wochen gewährten.

Aber selbst über diese Grenze sind die Betriebskrankenkassen insofern hinausgegangen, als im Jahre 1905:

a) 7 Kassen Krankengeld über die Dauer von 26 Wochen, und zwar
2 Kassen auf 30 Wochen, 3 Kassen auf 39 Wochen und
2 Kassen auf 1 Jahr, d. i. die gesetzlich zulässige höchste Dauer
gewährten,

b) 15 Kassen mehr als die Hälfte bis zu zwei Dritteln des Arbeitsverdienstes als Krankengeld zahlten,

c) die Mehrzahl der Kassen das Krankengeld vom ersten Tage der
Erkrankung ab gewährte, wenn die Krankheit mit dem Tode
endete oder wenn die Erwerbsunfähigkeit durch eine bei der
Arbeit erlittene Verletzung hervorgerufen oder wenn die Krankheit von längerer Dauer war.

Ferner haben 14 Kassen bei Krankenhauspflege auch den Mitgliedern
ohne Familienstand Krankengeld bewilligt.

Im Zusammenhange mit diesen erweiterten Leistungen ist auch die
Zahl der Krankheitstage, für die von den Betriebskrankenkassen Krankenunterstützung gewährt wurde, im Vergleich zu anderen Kassen bedeutend
höher.

Es zahlten durchschnittlich jedem Erkrankten Krankenunterstützung
für Tage:

im Jahre	die Eisenbahn-betriebs-krankenkassen	die Knappschafts-kassen in Preußen	die Betriebskranken-kassen des Deutschen Reichs
1896	25,61	16,5	16,4
1897	24,87	16,1	16,4
1898	25,26	16,2	16,4
1899	24,10	15,6	16,0
1900	25,57	15,8	16,5
1901	25,43	16,4	17,3
1902	27,41	16,9	17,9
1903	27,75	15,9	18,0
1904	26,50	15,8	18,2
1905	26,69	17,7	—

Die Ausgaben der Betriebskrankenkassen in den letzten 10 Jahren an Krankengeld betrugen:

im Jahre	überhaupt M.	durchschnittlich für		
		ein Mitglied M.	einen Erkrankungs- fall M.	einen Krankheitstag M.
1896	2 042 252	10,37	34,73	1,36
1897	2 450 327	11,33	35,00	1,41
1898	2 556 602	10.99	36,48	1,44
1899	3 049 574	13,12	36,70	1,52
1900	3 356 782	14,46	39,34	1,54
1901	3 181 581	13,40	39,01	1,53
1902	3 103 315	13,25	41,49	1,51
1903	3 328 851	13,52	42,13	1,52
1904	3 784 649	14,40	41,52	1,57
1905	5 112 138	18,25	43,49	1,63

Unterstützung während der Schwangerschaft. Von der in dem Gesetz vom 25. Mai 1903 als zulässige Kassenleistung vorgesehenen Schwangeren-Unterstützung hatten im Jahre 1905 nur 3 Betriebskrankenkassen Gebrauch gemacht.

Krankenhauspflege. Soweit auf ärztliche Anordnung mit Zustimmung des Kassenvorstandes Familienangehörige in Krankenhäusern untergebracht werden, übernehmen die Betriebskrankenkassen einen Teil der hierdurch entstehenden Kosten.

Sterbegelder. Während nach dem Krankenversicherungsgesetze nur im Falle des Todes eines Mitgliedes ein Sterbegeld im zwanzigfachen Betrage des zur Krankenkasse veranlagten Tagesverdienstes, mindestens von 50 M., zu gewähren ist, zahlen die Betriebskrankenkassen nicht nur im Falle des Todes eines Mitgliedes ein höheres Sterbegeld, sondern sie gewähren auch Sterbegeld beim Tode der Ehefrauen, der noch nicht 15 Jahre alten oder erwerbsunfähigen Kinder. Das Sterbegeld beträgt beim Tode der Ehefrau im allgemeinen zwei Drittel, beim Tode eines Kindes höchstens die Hälfte des für das Kassenmitglied festgestellten Sterbegeldes.

Von den 21 Betriebskrankenkassen zahlten im Jahre 1905

10 Kassen = das 30 fache
1 Kasse = „ 32 „
3 Kassen = „ 35 „
1 Kasse = „ 36 „
6 Kassen = „ 40 „

des zur Krankenkasse veranlagten Tagesverdienstes als Sterbegeld.

Im Jahre 1905 wurden an Sterbegeld verausgabt:

beim Tode von Mitgliedern . . . . 215 086 M.
„   „   „ Angehörigen von Mitgliedern 388 908 „

Durchschnittlich entfielen

im Jahre	beim Tode von Kassenmit- gliedern		beim Tode von Angehörigen der Kassenmitglieder	
	bei insgesamt Sterbefällen	auf einen Sterbefall M.	bei insgesamt Sterbefällen	auf einen Sterbefall M.
1896	2 074	79,23	11 405	26,07
1897	2 065	82,25	11 551	26,87
1898	2 079	86,59	11 776	27,19
1899	2 130	91,32	12 470	29,31
1900	2 235	96,30	12 761	29,95
1901	2 128	96,34	12 346	30,77
1902	2 048	95,32	10 625	30,56
1903	2 004	101,70	11 874	30,98
1904	2 045	103,74	12 305	31,05
1905	2 104	102,23	12 547	31,00

In Wirklichkeit stellten sich die Durchschnittsbeträge des gezahlten Sterbegeldes noch etwas höher, weil in der Zahl der Verstorbenen auch die durch Unfälle Getöteten mit berücksichtigt sind, deren Hinterbliebene aber das Sterbegeld in Höhe der nach dem Unfallversicherungsgesetz zu vergütenden Sätze aus dem Eisenbahnbetriebsfonds gezahlt erhalten haben.

Die Übersicht auf Seite 30 ergibt die Gesamtausgaben der Betriebs-krankenkassen im Jahre 1905 und die in den Jahren 1896 bis 1905 im Durchschnitt auf ein Mitglied entfallenden Ausgaben. *Gesamtausgaben im Jahre 1905.*

Wird nur ein Drittel der Arztgebühren und Krankenhauskosten als Kosten der ärztlichen Behandlung der Familienangehörigen gerechnet, so sind von den Betriebskrankenkassen infolge von Erkrankung oder Ab-sterben von Familienangehörigen im Jahre 1905 im ganzen rd. 1 806 200 M. gegen 1 205 000 M. im Jahre 1896 aufgewendet worden.

Wenn die Krankheitskosten, das sind die Ausgaben für ärztliche Be-handlung, Arznei und sonstige Heilmittel, an Krankengeld, Wöchnerinnen-unterstützung, Sterbegeld, Kur- und Verpflegungskosten, auf ein Mitglied,

Übersicht über die Gesamtausgaben der Betriebskrankenkassen.

Bezeichnung der Ausgaben	Betrag 1905 M.	für ein Mitglied										In % zur Summe der eigentlichen Ausgaben 1905
		1896 M.	1897 M.	1898 M.	1899 M.	1900 M.	1901 M.	1902 M.	1903 M.	1904 M.	1905 M.	
für ärztliche Behandlung . .	2 190 774	6,38	6,17	6,09	6,48	6,64	6,66	6,92	6,86	7,38	7,82	22,46
„ Arzneien und sonstige Heilmittel:												
a) für Kassenmitglieder	706 781	2,29	2,25	2,11	2,35	2,38	2,24	2,14	2,23	2.21	2,52	7,24
b) für ihre Angehörigen	498 795	2,13	2,12	1,96	2,16	2,09	1,78	1,65	1,82	1,85	1,78	5,11
„ Krankengeld:												
a) an Kassenmitglieder .	4 998 982											
b) an Angehörige von in Krankenanstalten untergebrachten Kassenmitgliedern	113 156	10,37	11,33	10,99	13,12	14,46	13,40	13,25	13,52	14,40	18,25	52,40
„ Wöchnerinnen - Unterstützung für weibliche Mitglieder	8 488	0,14	0,17	0,17	0,15	0,13	0,09	0,05	0,06	0,03	0,03	0,09
„ Unterstützung während der Schwangerschaft:												
a) für weibliche Mitglieder	—	—	—	—	—	—	—	—	—	—	—	—
b) für Ehefrauen von Mitgliedern	—	—	—	—	—	—	—	—	—	—	—	—
„ Kur- und Verpflegungskosten an Krankenanstalten	564 865	1,10	1,19	1,31	1,43	1,56	1,62	1,64	1,70	1,80	2,02	5,79
„ Sterbegeld:												
a) beim Tode von Mitgliedern	215 086	0,83	0,79	0,77	0,84	0,93	0,86	0,83	0,83	0,81	0,77	2,20
b) beim Tode von Angehörigen der Mitglieder	388 908	1,51	1,44	1,38	1,57	1,64	1,60	1,38	1,49	1,45	1,39	3,99
„ Ersatzleistungen für anderweit gewährte Unterstützungen	792	0,02	0,05	0,01	0,01	0,01	0,01	0,03	0,02	0,00	0,00	0,01
„ Verwaltungskosten . . .	54 700	0,06	0,06	0,06	0,06	0,06	0,08	0,11	0,15	0,15	0,20	0,56
„ sonstige Ausgaben . . .	14 904	0,06	0,04	0,04	0,07	0,03	0,02	0,04	0,04	0,05	0,05	0,15
Summe der eigentlichen Ausgaben	9 756 231	24,89	25,61	24,89	28,24	29,93	28,36	28,04	28,72	30,13	34,83	100,00
dazu für Kapitalanlagen usw.	242 294											

einen Erkrankungsfall und einen Krankheitstag zurückgeführt werden, so ergeben sich:

im Jahre	bei den Eisenbahnbetriebskrankenkassen				bei allen Betriebskrankenkassen des Reichsgebietes		
	überhaupt	auf ein Mitglied	auf einen Erkrankungsfall	auf einen Krankheitstag	auf ein Mitglied	auf einen Erkrankungsfall	auf einen Krankheitstag
	M.	M.	M.	M.	M.	M.	M.
1896	4 879 772	24,77	82,98	3,24	18,53	45,05	2,74
1897	5 514 528	25,50	78,77	3,17	19,30	45,35	2,77
1898	5 764 488	24,78	82,26	3,25	19,47	47,10	2,87
1899	6 530 189	28,10	78,60	3,26	21,15	45,87	2,86
1900	6 926 198	29,84	81,17	3,17	22,16	47,14	2,86
1901	6 707 859	28,26	82,26	3,23	22,26	50,05	2,89
1902	6 532 705	27,89	87,34	3,19	22,24	52,99	2,96
1903	7 020 935	28,52	88,87	3,20	22,99	53,37	2,97
1904	7 865 307	29,93	86,29	3,26	25,55	54,80	3,02
1905	9 685 627	34,58	82,40	3,09	—	—	—

Das Vermögen der Betriebskrankenkassen betrug am 1. Januar 1906 rund 8 713 000 M. *Vermögen der Betriebskrankenkassen.*

Den bei den größeren Neubauausführungen beschäftigten krankenversicherungspflichtigen Arbeitern wird die Krankenfürsorge durch die hierfür errichteten Baukrankenkassen zuteil. Da Bauten dieser Art in der Regel nicht in eigener Regie, sondern von Unternehmern ausgeführt werden, werden diese zur Errichtung der Krankenkassen verpflichtet. Bei Bauausführungen von geringerem Umfange und von kürzerer Dauer wird von der Bildung besonderer Krankenkassen abgesehen und der Krankenversicherungspflicht durch Beteiligung bei Orts- und anderen Krankenkassen oder bei der Gemeindekrankenversicherung genügt. **b) Baukrankenkassen.**

Im Jahre 1905 waren 15 Eisenbahnbaukrankenkassen in Wirksamkeit, von denen 4 nach beendeter Bautätigkeit wieder geschlossen worden sind.

Im Durchschnitt gehörten diesen Krankenkassen 4702 Mitglieder an.

Die Baukrankenkassen gewähren im allgemeinen nur die gesetzlichen Mindestleistungen, und zwar auch nur unter Beschränkung auf die Kassenmitglieder selbst.

Die Ausgaben der Baukrankenkassen im Jahre 1905 sind aus der nachstehenden Tabelle ersichtlich.

Bezeichnung der Ausgaben	Betrag	durchschnittlich auf ein Mitglied überhaupt	gegenüber den Eisenbahnbetriebskrankenkassen	auf ein Mitglied in den Jahren 1899	1900	1901	1902	1903	1904
	M.	M.	± M.	M.	M.	M.	M.	M.	M.
für ärztliche Behandlung	22 183	4,72	— 3,10	4,25	3,65	4,13	4,74	5,48	4,33
„ Arznei und sonstige Heilmittel	14 535	3,09	— 1,21	2,11	1,76	1,89	2,24	2,26	2,16
„ Krankengeld	45 056	9,58	— 8,67	6,02	6,13	6,57	7,98	7,29	7,00
„ Wöchnerinnenunterstützung	95	0,02	— 0,01	0,04	—	—	—	—	—
„ Kur und Verpflegung in Krankenanstalten und Lazaretten	40 535	8,62	+ 6,60	3,44	5,04	7,74	8,92	9,08	5,96
„ Sterbegeld	2 221	0,47	— 0,30	0,44	0,39	0,26	0,44	0,67	0,41
„ Ersatzleistungen für anderweit gewährte Unterstützungen	446	0,09	+ 0,09	0,06	0,03	0,04	0,31	0,14	0,10
„ Verwaltungskosten: persönliche	952	} 0,37	} + 0,17	0,25	0,33	0,19	} 0,14	0,04	0,20
sächliche	771			0,16	0,31	0,47			
„ sonstige Kosten, insbesondere Unterstützungen nach Vollendung der Bauten	3 772	0,80	+ 0,75	0,57	0,52	0,30	0,34	0,26	0,43
insgesamt	130 566	27,76	— 7,07	17,34	18,16	21,09	25 11	25,32	20,59

Im Vergleich mit anderen Baukrankenkassen ist ein Mehraufwand bei den Eisenbahnbaukrankenkassen nicht hervorgetreten.

Bei allen Baukrankenkassen des Reichsgebietes kamen durchschnittlich:

im Jahre	auf ein Mitglied M.	auf einen Erkrankungsfall M.	auf einen Krankheitstag M.
1894	22,76	41,78	2,62
1895	23,87	44,01	2,44
1896	21,20	38,97	2,42
1897	20,74	39,58	2,46
1898	22,27	41,21	2,61
1899	20,44	35,57	2,52
1900	21,47	37,67	2,70
1901	22,53	37,23	2,49
1902	24,47	34,30	2,16
1903	29,76	45,81	2,92
1904	29,15	38,48	2,28

Demgegenüber stellten sich die Krankheitskosten bei den Eisenbahnbaukrankenkassen wie folgt:

im Jahre	auf ein Mitglied M.	auf einen Erkrankungsfall M.	auf einen Krankheitstag M.
1894	21,17	36,38	2,29
1895	22,82	41,80	2,43
1896	18,85	37,55	2,49
1897	17,35	37,66	2,26
1898	15,83	39,21	2,27
1899	16,36	33,71	2,40
1900	17,00	34,49	2,58
1901	20,13	35,27	2,27
1902	24,62	37,98	2,35
1903	24,94	38,82	2,38
1904	19,97	32,46	2,16

Nennenswertes Vermögen wird von den Baukrankenkassen infolge der kurzen Dauer ihres Bestehens nicht angesammelt. Erzielung von Überschüssen würde auch nicht gerechtfertigt sein, weil die bei der Schließung von Baukrankenkassen verbliebenen Bestände, soweit sie nicht zu Unterstützungen Verwendung finden, anderen Krankenkassen zufließen, deren Mitglieder an der Ansammlung des Vermögens in der Regel nicht mitgewirkt haben.

3

c) Kranken-kasse des All-gemeinen Ver-bandes der Eisenbahnver-eine der preu-ßisch-hessi-schen Staats-bahnen und der Reichsbahnen (Verbands-krankenkasse). Organisation und Verwaltung der Kasse.

Neben den bei den preußisch-hessischen Staatsbahnen und bei der Verwaltung der Reichseisenbahnen auf Grund gesetzlicher Vorschriften errichteten Betriebskrankenkassen bietet die von dem „Allgemeinen Verband der Eisenbahnvereine der preußisch-hessischen Staatsbahnen und der Reichsbahnen" errichtete „Eisenbahn-Verbandskrankenkasse" den Bediensteten Gelegenheit zu einer über die gesetzliche Krankenversicherung hinausgehenden Fürsorge in Krankheitsfällen.

Die Kasse hat ihren Sitz in Berlin und ist am 1. Oktober 1904 in Wirksamkeit getreten. Ihre Verwaltung schließt sich insofern eng an die Verwaltung der Betriebskrankenkassen an, als die örtlichen Verwaltungsbezirke dieser gleichzeitig die örtlichen Verwaltungsbezirke der Verbandskrankenkasse (Bezirksvorstände) bilden und die Vorsitzenden der Vorstände der Betriebskrankenkassen zugleich das Amt des Vorsitzenden der Bezirksvorstände wahrnehmen. Die Gesamtleitung obliegt unter Aufsicht der Königlichen Eisenbahndirektion in Berlin dem Hauptvorstande, der aus einem von der Aufsichtsbehörde ernannten Vorsitzenden und aus 10 gewählten Kassenmitgliedern besteht. Das oberste Verwaltungsorgan bildet die alle drei Jahre stattfindende Hauptversammlung, die sich aus dem Vorsitzenden des geschäftsführenden Vereins des Verbandes der Eisenbahnvereine, dem Vorsitzenden des Hauptvorstandes und 42 Vertretern der Kassenmitglieder zusammensetzt. Die übrigen Mitglieder des Hauptvorstandes und die Vorsitzenden der Bezirksvorstände können an der Hauptversammlung mit beratender Stimme teilnehmen.

Die Geschäfte der Kassen- und Buchführung werden von der Eisenbahnverwaltung unentgeltlich wahrgenommen.

Der Kasse ist gemäß § 22 des Bürgerlichen Gesetzbuches die Rechtsfähigkeit verliehen worden.

Mitgliedschaft.

Mitglieder der Kasse dürfen, gegen Entrichtung eines Eintrittsgeldes von 1 M., in der Regel nur Mitglieder eines an dem Verbande der Eisenbahnvereine beteiligten Eisenbahnvereins werden, sofern sie

a) nicht nur vorübergehend bei der Eisenbahnverwaltung beschäftigt sind,

b) das 18. Lebensjahr vollendet und das 40. Lebensjahr noch nicht überschritten haben und

c) körperlich und geistig gesund, sowie vollständig dienst- und arbeitsfähig sind. Für das erste Jahr nach dem Inkrafttreten der Satzungen, d. i. vom 1. Oktober 1904 bis 30. September 1905, ist die für den Eintritt gesetzte Altersgrenze von 40 Jahren für die nach dem Krankenversicherungsgesetz versicherungspflichtigen Bediensteten auf das 70. Lebensjahr, für die übrigen Bediensteten auf das 45. Lebensjahr ausgedehnt worden.

Die Kasse bietet Gelegenheit:

Gegenstand der Versicherung.

   a) zur Krankengeldversicherung (Tarif I),

   b) zur Arzneiversicherung (Tarif II).

Mit beiden Versicherungen ist eine Versicherung von Sterbegeld verbunden.

Tarif I und Tarif II bilden selbständige Versicherungszweige mit getrennter Vermögensverwaltung.

An der Krankengeldversicherung können nur die nach dem Krankenversicherungsgesetz versicherungspflichtigen Eisenbahnbediensteten für die Dauer der Versicherungspflicht teilnehmen. Durch diese Versicherung wird den Bediensteten Gelegenheit geboten, gegen Entrichtung äußerst niedriger Beiträge sich zu dem von den Eisenbahnbetriebskrankenkassen oder anderen Krankenkassen gewährten Krankengelde einen Krankengeldzuschuß in der Höhe zu versichern, daß sie während der Krankheit einen Ausfall an Verdienst nicht erleiden. Der Beitrag beträgt für je 25 Pf. tägliches oder 1,75 M. wöchentliches Krankengeld nebst 15 M. Sterbegeld wöchentlich 5 Pf. Als niedrigste Versicherung ist ein tägliches Krankengeld von 50 Pf. nebst 30 M. Sterbegeld und als höchste Versicherung ein tägliches Krankengeld von 2,50 M. nebst 150 M. Sterbegeld zugelassen. Bis zur Vollendung des 45. Lebensjahres ist eine Erhöhung des versicherten Kranken- und Sterbegeldes zulässig, später nicht mehr, mit Ausnahme des Falles, daß die Krankengeldleistungen der Betriebskrankenkasse, der das Mitglied angehört, herabgesetzt werden.

Krankengeld-
versicherung
(Tarif I).

Der Anspruch auf Krankengeld beginnt nach Ablauf von einem Monat nach dem Tage der Aufnahme, während das mit der Krankengeldversicherung verbundene Sterbegeld nach einer Mitglieds- und Beitragszeit von 6 Monaten gezahlt wird. Das versicherte Krankengeld wird auf die Dauer von 52 Wochen gewährt. Im Laufe eines Zeitraumes von zwei Jahren wird jedoch das Krankengeld nur auf die Dauer von 65 Wochen gezahlt.

Mit dem Ausscheiden aus der Beschäftigung oder mit dem Erlöschen der Versicherungspflicht endet auch die Mitgliedschaft bei Tarif I mit der Maßgabe, daß den Mitgliedern, die beim Ausscheiden aus der Beschäftigung eine Pension oder eine Invaliden- (Alters-) oder Unfallrente erhalten, der Anspruch auf das zuletzt versicherte Sterbegeld erhalten bleibt. Erfolgt das Ausscheiden aus der Beschäftigung wegen Krankheit, so erhalten die Ausscheidenden bei Fortzahlung der Beiträge, die auch für die Dauer der Krankenunterstützung erhoben werden, die Kassenleistungen, jedoch längstens auf die Dauer von 6 Wochen nach dem Austritt aus der Beschäftigung, sofern nicht die satzungsmäßige Frist von 52 Wochen bereits früher abgelaufen ist.

3*

<table>
<tr><td>

Zuschuß der Eisenbahnverwaltung.

</td><td>

Bei Festsetzung der Beitragshöhe, die auf das nach versicherungstechnischen Grundsätzen zulässige niedrigste Maß beschränkt wurde, ist nur die für den normalen Eintritt festgesetzte Altersgrenze von 40 Jahren berücksichtigt worden. Unberücksichtigt ist dagegen die Belastung geblieben, die der Kasse durch die übergangsweise zugelassene Aufnahme der über 40 Jahre alten Mitglieder erwächst. Da die Eisenbahnverwaltung auch diesen Bediensteten die Vergünstigungen der Kasse zuteil werden lassen wollte, ihnen aber die Leistung zu hoher Beiträge nicht zumuten konnte, hat sie zum Ausgleich der Belastung einen einmaligen Zuschuß gewährt, der für die Verwaltung der preußisch-hessischen Eisenbahngemeinschaft auf 3 Millionen, für die Verwaltung der Reichseisenbahnen in Elsaß-Lothringen auf 200 000 M. bemessen worden ist. Dieser Zuschuß darf indes nur zu diesem Zwecke, nicht auch zur Deckung sonst etwa entstehender Fehlbeträge verwendet werden.

</td></tr>
</table>

Zu den laufenden Beiträgen der Mitglieder wird ein Zuschuß seitens der Eisenbahnverwaltung nicht gezahlt.

<table>
<tr><td>

Verhältnisse und Ergebnisse der Krankenversicherung (Tarif I) im Jahre 1905.

</td><td>

Die Zahl der Mitglieder belief sich am 1. Januar 1905 — also kurz nach Errichtung der Kasse — bereits auf 108 454 und ist bis zum 1. Januar 1906 auf 173 516 gestiegen, d. i. die Zahl der Mitglieder hat sich im Laufe des Jahres um 65 062 erhöht. Über die Bewegung der Mitgliederzahl in den einzelnen Monaten gibt die nachstehende Übersicht Auskunft.

</td></tr>
</table>

Es waren vorhanden Mitglieder:

am 1. Januar	1905	108 454	(5 964) *)
„ 1. Februar	„	123 332	(8 127)
„ 1. März	„	130 785	(8 579)
„ 1. April	„	135 498	(8 725)
„ 1. Mai	„	139 515	(8 874)
„ 1. Juni	„	143 697	(8 944)
„ 1. Juli	„	146 641	(9 059)
„ 1. August	„	151 394	(9 245)
„ 1. September	„	158 295	(9 463)
„ 1. Oktober	„	171 031	(9 817)
„ 1. November	„	172 383	(9 821)
„ 1. Dezember	„	173 234	(9 939)
„ 31. Dezember	„	173 516	(9 778)
am ersten Tage jedes Monats durchschnittlich		148 290	(8 948).

---

*) Die in ( ) aufgeführten Zahlen geben die auf die Reichseisenbahnen in Elsaß-Lothringen entfallenden Mitglieder an.

Die am 31. Dezember 1905 vorhanden gewesene, auf die preußisch-hessischen Staatsbahnen entfallende Zahl der Mitglieder (163 738) stellt 57 % der Zahl der Mitglieder der Betriebskrankenkassen dieser Bahnen am 31. Dezember 1905 dar.

Von den am 1. Januar 1906 vorhandenen Mitgliedern hatten bei Errichtung der Kasse 50 910 (2 738) bereits das 40. Lebensjahr überschritten. Sie bilden die Gruppe der Mitglieder, denen der einmalige Zuschuß der Eisenbahnverwaltung zugute kommt.

Von den am Jahresschlusse vorhandenen 173 516 (9 778) Mitgliedern hatten versichert:

ein Krankengeld	ein Sterbegeld		
von 0,50 M.	von 30 M. = 23 386	(295)	Mitglieder,
„ 0,75 „	„ 45 „ = 35 395	(2 902)	„
„ 1,00 „	„ 60 „ = 62 884	(3 612)	„
„ 1,25 „	„ 75 „ = 22 629	(1 725)	„
„ 1,50 „	„ 90 „ = 19 675	(833)	„
„ 1,75 „	„ 105 „ = 4 614	(223)	„
„ 2,00 „	„ 120 „ = 3 608	(124)	„
„ 2,25 „	„ 135 „ = 640	(25)	„
„ 2,50 „	„ 150 „ = 685	(39)	„

An Erkrankungsfällen wurden gezählt 71 193 = 48 von je 100 im Durchschnitt vorhandenen Mitgliedern.

Die Zahl der Krankheitstage belief sich auf 1 856 773. Hiervon entfallen auf ein Mitglied 12,52, auf einen Erkrankungsfall 26,08 Tage.

Sterbefälle sind 560 eingetreten = 0,38 für je 100 Mitglieder, gegen 0,75 % bei den Betriebskrankenkassen. Der Unterschied beruht darauf, daß der Anspruch auf Sterbegeld bei der Verbandskrankenkasse erst nach einer Mitgliedschaft von 6 Monaten erhoben werden kann, und daß die Wirkungen dieser Bestimmung lediglich im ersten Jahre des Bestehens der Kasse so erheblich in die Erscheinung treten.

Die Einnahmen betrugen:

		für ein Mitglied
an Zinsen	3 273 M.	= 0,02 M.
„ Eintrittsgeldern	48 192 „	= 0,33 „
„ laufenden Beiträgen . .	1 496 244 „	= 10,09 „
„ sonstigen Einnahmen .	1 627 „	= 0,01 „
Summe der eigentlichen Einnahmen	1 549 336 M.	= 10,45 M.
dazu nachrichtlich aus verkauften Wertpapieren usw.	135 399 „	
insgesamt	1 684 735 M.	

Die Ausgaben stellen sich wie folgt dar:

<table>
<tr><td></td><td></td><td></td><td>für ein Mitglied</td></tr>
<tr><td>für Krankengeld . . . . .</td><td>1 911 591 M.</td><td>= 12,89 M.</td></tr>
<tr><td>„ Sterbegeld . . . . . .</td><td>35 395 „</td><td>= 0,24 „</td></tr>
<tr><td>„ Krankenbeaufsichtigung</td><td>12 147 „</td><td>= 0,08 „</td></tr>
<tr><td>„ Verwaltungskosten:</td><td></td><td></td></tr>
<tr><td>persönliche . . . . . .</td><td>2 066 „ }</td><td rowspan="2">= 0,04 „</td></tr>
<tr><td>sächliche . . . .</td><td>4 480 „ }</td></tr>
<tr><td>„ sonstige Ausgaben . .</td><td>575 „</td><td>= 0,01 „</td></tr>
<tr><td>Summe der eigentlichen Ausgaben . . . .</td><td>1 966 254 M.</td><td>= 13,26 M.</td></tr>
<tr><td>dazu für Kapitalanlagen usw.</td><td>141 520 „</td><td></td></tr>
<tr><td>Insgesamt</td><td>2 107 774 M.</td><td></td></tr>
</table>

Die eigentlichen Ausgaben haben hiernach die eigentlichen Einnahmen um 416 918 M. überschritten.

Auf jeden der 560 Sterbefälle entfällt ein Sterbegeld von rund 60 M.

Der entstandene Fehlbetrag ist aus dem von der Eisenbahnverwaltung bewilligten Zuschuß gedeckt worden, weil er auf die Mitgliedschaft der Mitglieder zurückzuführen ist, die bei Errichtung der Kasse das 40. Lebensjahr bereits überschritten hatten, und weil dieser Zuschuß gerade dafür bestimmt war, das Risiko zu decken, welches die Kasse durch die Versicherung dieser älteren Bediensteten übernahm.

Arzneiversicherung (Tarif II) im Jahre 1905. Die Arzneiversicherung ist nur den nach dem Krankenversicherungsgesetz nicht versicherungspflichtigen Eisenbahnbediensteten zugänglich. Durch sie soll diesen Bediensteten eine Erleichterung in der Bestreitung der Ausgaben für Arznei und Heilmittel geboten werden.

Wie mit der Krankenversicherung ist auch mit der Arzneiversicherung die Versicherung eines Sterbegeldes und zwar von 150 M. verbunden.

Die laufenden Beiträge betragen wöchentlich 25 Pf. Für diesen Beitrag werden nicht nur den Mitgliedern selbst, sondern auch ihren Angehörigen vom Beginn der Krankheit ab Arzneien, Verbandstücke, Bruchbänder und ähnliche Heilmittel bis zum Gesamtbetrage von 100 M. während des Zeitraumes eines Kalenderjahres geliefert. Auch werden die Kosten für Weine, die nicht lediglich zur Stärkung verordnet sind, bis zum Betrage von 20 M. während des Zeitraumes eines Kalenderjahres von der Kasse getragen. Kosten für Badereisen und sonstige größere Kuren fallen indes der Kasse nicht zur Last.

Während bei der Krankenversicherung mit dem Ausscheiden aus der Beschäftigung die Mitgliedschaft erlischt, ist den Mitgliedern des Tarifs II bei dem Übertritt in den Ruhestand gestattet, die Mitgliedschaft fortzusetzen. Auch ist den Witwen der verstorbenen Mitglieder des Tarifs II das Recht eingeräumt, in die Versicherung des Ehemannes einzutreten.

Die bei der Krankenversicherung eingeführten Karenzzeiten für den Bezug des Krankengeldes und des Sterbegeldes gelten auch für Tarif II.

Der Tarif zählte am Anfang des Rechnungsjahres 1905 8 990 (325), am Ende des Jahres 17 902 (588) Mitglieder. Von den letzteren waren

6 344 (227) mittlere Beamte,
11 518 (361) untere   „
9 Pensionäre und
31 Witwen.

Die Einnahmen betrugen:

an Zinsen	1 937 M.
„ Eintrittsgeldern	6 512 „
„ laufenden Beiträgen	200 413 „
„ sonstigen Einnahmen	27 „
zusammen . .	208 889 M.

Die Ausgaben beliefen sich:

für Arznei und Heilmittel . . . . . auf	135 030 M.
„ Sterbegelder . . . . „	3 900 „
„ Verwaltungskosten . . . . „	1 870 „
„ sonstige Ausgaben . . . . „	137 „
Summe der eigentlichen Ausgaben auf	140 937 M.
dazu für Kapitalanlagen . . . . . . „	56 453 „
Insgesamt . auf	197 390 M.

Das Vermögen des Tarifs II hat sich im Rechnungsjahr 1905 von 10 022 M. auf 77 688 M. erhöht.

2. Arbeiterpensionskasse.

Zur Durchführung der reichsgesetzlichen Invalidenversicherung ist am 1. Januar 1891 unter Vereinigung der am 1. Oktober 1885 für die Werkstättenarbeiter und der am 1. April 1886 für die Betriebsarbeiter errichteten Pensionskasse eine als besondere Einrichtung im Sinne der §§ 8 und 9 des Invalidenversicherungsgesetzes anerkannte Arbeiterpensionskasse in Wirksamkeit getreten, die den Namen:

> „Pensionskasse für die Arbeiter der preußisch-hessischen Eisenbahngemeinschaft"

führt.

Sie zerfällt in die Abteilungen A und B, die mit getrennter Vermögensverwaltung nebeneinander bestehen.

a) Abteilung A.
Zweck.

Die Abteilung A ist zur Gewährung von Invaliden- und Altersrenten nach Maßgabe des Invalidenversicherungsgesetzes vom 13. Juli 1899 bestimmt und hat für ihre Mitglieder als zugelassene Kasseneinrichtung alle Aufgaben einer Versicherungsanstalt im Sinne dieses Gesetzes zu erfüllen. Die Mitglieder der Abteilung A genügen durch ihre Mitgliedschaft der gesetzlichen Versicherungspflicht.

Mitgliedschaft.
Beitrittszwang.

Zum Beitritt verpflichtet sind sämtliche von der Staatseisenbahnverwaltung im Arbeiterverhältnis beschäftigten männlichen und weiblichen Personen vom vollendeten 16. Lebensjahre ab ohne Rücksicht auf die Höhe des Lohnes, jedoch die in der Stellung als Techniker beschäftigten Personen nur dann, wenn ihr regelmäßiger Jahresarbeitsverdienst 2000 M. nicht übersteigt. Zum Beitritt nicht verpflichtet sind die im Staatsbeamtenverhältnis stehenden Personen, solange sie lediglich zur Ausbildung für ihren zukünftigen Beruf beschäftigt werden oder sofern ihnen eine Anwartschaft auf Pension im Mindestbetrage der Invalidenrente nach den Sätzen der ersten Lohnklasse (Jahresarbeitsverdienst bis zu 350 M. einschließlich) gewährleistet ist.

Freiwillige
Versicherung.

Zum Beitritt berechtigt sind, solange sie das 40. Lebensjahr nicht vollendet haben (Selbstversicherung)

a) die in der Stellung als Techniker beschäftigten Personen, sofern ihr regelmäßiger Jahresarbeitsverdienst mehr als 2000 M., aber nicht über 3000 M. beträgt;

b) vorübergehend beschäftigte Personen, die der Versicherungspflicht nicht unterliegen.

Die Selbstversicherung kann auch beim Ausscheiden aus dem die Berechtigung zu dieser Versicherung begründenden Verhältnisse fortgesetzt werden. Die versicherungspflichtigen Personen sind beim Ausscheiden aus dem die Versicherungspflicht begründenden Arbeits- oder Dienstverhältnisse berechtigt, die Versicherung bei der Abteilung A freiwillig fortzusetzen oder zu erneuern, solange sie nicht durch ein neues Arbeits- oder Dienstverhältnis bei einer anderen Kasseneinrichtung oder Versicherungsanstalt versicherungspflichtig werden.

Die Anzahl der Mitglieder betrug:

Anzahl der Mit-
glieder.

Am Schlusse des Kalenderjahres	überhaupt	darunter		durchschnittlich täglich (im Jahresmittel)
		weibliche	freiwillige	
1900	229 637	5 194	—	227 890
1901	225 828	5 754	—	232 961
1902	231 527	5 985	1 053	230 557
1903	247 733	6 971	1 150	242 653
1904	266 136	7 304	1 534	258 187
1905	278 821	7 777	2 589	272 938

Die Beiträge zur Abteilung A der Pensionskasse decken sich in ihrer Höhe mit den nach § 32 des Invalidenversicherungsgesetzes bestimmten, von den Versicherungsanstalten zu erhebenden Beiträgen. Sie betragen demzufolge wöchentlich

Beiträge der Mit-
glieder und der
Eisenbahnver-
waltung.

in Lohnklasse	bei einem		Pf.
	Jahresarbeitsverdienst	täglichen Arbeitsverdienst	
I	bis zu 350 M. einschließlich	bis 1,16 M.	14
II	von mehr als 350— 550 M.	1,17—1,83 „	20
III	„ „ „ 550— 850 „	1,84—2,83 „	24
IV	„ „ „ 850—1150 „	2,84—3,83 „	30
V	„ „ „ 1150 M.	3,84 M. und mehr	36

Die Beiträge entfallen zur Hälfte auf die Mitglieder, zur Hälfte auf die Verwaltung.

Sie werden nicht, wie bei den Versicherungsanstalten, durch Einkleben von Marken in Quittungskarten erhoben, sondern der Pensionskasse unmittelbar zugeführt und für jedes Mitglied aufgezeichnet.

Im Jahre 1905 beliefen sich die Beiträge der versicherungspflichtigen Mitglieder auf 1 808 700 M., im Durchschnitt auf ein Mitglied = 6,69 M.

Die von der Eisenbahnverwaltung in gleicher Höhe zu leistenden Beiträge sind von 1 214 304 M. im Jahre 1896 auf 1 808 700 M. im Jahre 1905 gestiegen. Sie betrugen in den Jahren 1896 bis 1905 insgesamt rd. 15 166 000 M.

Die freiwilligen Mitglieder haben den Beitrag in voller Höhe selbst zu entrichten.

Verteilung der Kassenmitglieder auf die Lohnklassen.

Wie sich die Kassenmitglieder auf die einzelnen Lohnklassen verteilen, ergibt die nachstehende Übersicht:

Zeitpunkt	Anzahl der Mitglieder der Lohnklasse							
	I	II	III	IV	V	VI	VII	insgesamt
1./1. 1901	5 314	29 903	109 703	62 477	22 240	—	—	229 637
1./1. 1902	5 911	26 542	106 119	63 503	23 753	—	—	225 828
1./1. 1903	6 146	28 038	108 507	64 350	24 486	—	—	231 527
1./1. 1904	6 668	30 102	116 349	67 834	26 780	—	—	247 733
1./1. 1905	6 924	30 757	122 583	75 407	30 465	—	—	266 136
1./1. 1906	6 522	24 917	126 651	86 452	34 279	—	—	278 821

In Prozenten der Kassenmitglieder gehörten an:

der Beitragsklasse	am 1. Januar					
	1901	1902	1903	1904	1905	1906
I	2,32	2,62	2,65	2,69	2,60	2,34
II	13,02	11,76	12,12	12,15	11,56	8,94
III	47,77	46,99	46,86	46,97	46,05	45,42
IV	27,21	28,11	27,79	27,38	28,34	31,01
V	9,68	10,52	10,58	10,81	11,45	12,29

Das Aufsteigen der Kassenmitglieder aus den niedrigeren in die höheren Lohnklassen ist teils auf das Aufrücken der Mitglieder in höhere Lohnsätze, teils auf eine Erhöhung der Löhne an sich zurückzuführen.

Leistungen: Invaliden-, Kranken- und Altersrenten.

Für die Gewährung und die Höhe der Invaliden-, Kranken- und Altersrenten sind die Bestimmungen des Invalidenversicherungsgesetzes vom 13. Juli 1899 maßgebend.

An Invaliden-, Kranken- und Altersrenten wurden im Jahre 1905 = 1 980 690 M. gegen 502 538 M. im Jahre 1896 gezahlt.

Die durchschnittliche Höhe der Invalidenrente betrug im Jahre 1905 = 183,60 M., die der Altersrente 177,60 M.

Zu- und Abgang der Rentenempfänger hat sich im Jahre 1905 wie folgt gestaltet:

	Empfänger von		
	Invaliden- renten	Kranken- renten	Alters- renten
Bestand am 1. Januar 1905	10 497	240	2 029
Zugang im Jahre 1905	2 540	190	354
Abgang im Jahre 1905:			
wegen Wiedereintritts der Erwerbs- fähigkeit	36	99	—
wegen Todes	1 167	43	194
wegen Gewährung höherer Invaliden-, Alters- oder Unfallrente	102	116	304
aus anderen Ursachen	—	—	—
Abgang zusammen . . .	1 305	258	498
Bestand am 1. Januar 1906	11 732	172	1 885

Seit dem Jahre 1897 hat der Vorstand der Pensionskasse in immer größerem Umfange von der durch § 18 des Invalidenversicherungsgesetzes eingeräumten Befugnis Gebrauch gemacht, in solchen Fällen, in denen dadurch die Wiedererlangung der Erwerbsfähigkeit zu erhoffen ist, ein Heilverfahren einzuleiten. Insbesondere geschieht dies auch durch Unterbringung lungenkranker Arbeiter in Lungenheilstätten. Auf diese Weise wird nach Möglichkeit an der Bekämpfung der Lungenschwindsucht mitgewirkt. Unterstützend treten hierbei die Eisenbahnbetriebskrankenkassen ein, indem sie der Pensionskasse die einen Heilerfolg versprechenden Krankheitsfälle rechtzeitig überweisen und das den Mitgliedern satzungsmäßig zustehende volle Krankengeld zur Verfügung stellen.

Das rasche Anwachsen der Zahl der Lungenkranken, für die ein Heilverfahren geboten erschien — von 15 Fällen im Jahre 1897 auf 540 Fälle im Jahre 1902 — erschwerte bald das Unterbringen in fremden Heilanstalten und legte den Wunsch nahe, eigene Lungenheilstätten zu besitzen. Bei der weiten Ausdehnung des Bereichs der preußisch-hessischen Eisenbahngemeinschaft mußte, wenn anders die Kranken nicht zu lange Reisen machen und sich auf zu weite Entfernungen von ihren Angehörigen trennen sollten, die Errichtung mindestens je einer Heilstätte für die östlichen und westlichen Eisenbahndirektionsbezirke in Aussicht genommen und dabei Orte gewählt werden, die nicht nur die Bedingungen für eine Heilstätte erfüllten, sondern auch möglichst in der Mitte der beiden Direktionsgruppen gelegen waren. Die Wahl fiel für die östlichen Direktionsbezirke auf einen Platz in Nieder-Schreiberhau im Riesengebirge, der am Südabhang des Iserkammes in einer Höhe von 600—750 m gelegen, durch einen zum Moltkefelsen aufsteigenden Bergvorsprung und durch die das Tal umgebenden Höhen geschützt ist, und der einen weit umfassenden und anregenden Blick über das Dorf Nieder-Schreiberhau und auf den Kamm des Riesengebirges sowie über das herrliche Hirschberger Tal bietet. Der Platz, der eine Größe von 21,543 ha hatte, wurde für den Preis von 69 500 M. erworben.

Für die westlichen Direktionsbezirke wurde ein Platz in den ausgedehnten Waldungen bei Melsungen, die sich auf einem Höhenrücken von rund 400 m am rechten Fuldaufer hinziehen, in einer Größe von 17,0562 ha von der Stadt Melsungen, die hiervon eine Fläche von 1,9742 ha unentgeltlich überließ, zum Preise von 64 740 M. angekauft. Im Frühjahr 1902 wurde der Bau der beiden Heilstätten begonnen und so gefördert, daß die Eröffnung der Heilstätte in Schreiberhau am 17., die der Heilstätte bei Melsungen am 20. April 1904 erfolgen konnte. Nach ihrer örtlichen Lage wurde die erstere Heilstätte „Moltkefels", die zweite „Stadtwald" benannt. Bei Eröffnung der Heilstätte „Moltkefels" wurde in der von dem Vertreter der Arbeiter gehaltenen Ansprache zutreffend betont, daß das geschaffene Werk in erster Linie der Sozialpolitik der Hohenzollern zu verdanken, und daß die Erkenntnis der Wohltaten dieser Politik immer tiefer in die Schichten der Arbeiter gedrungen sei.

Die beiden Heilstätten, deren Herstellungskosten sich auf rund zwei Millionen Mark belaufen, umfassen rund 220 Krankenbetten, entsprechen allen an eine Heilstätte zu stellenden Anforderungen und sind mit allen Einrichtungen der Neuzeit auf diesem Gebiete ausgerüstet. Auch ist dem religiösen Bedürfnisse der der protestantischen oder katholischen Konfession angehörigen Pfleglinge durch Abhaltung von Gottesdiensten Rechnung getragen. Die Pflege und Wartung wird von evangelischen und katholischen Schwestern des vaterländischen Frauenzweigvereins vom Roten Kreuz in Gnesen und Cassel besorgt.

Art der Krankenbehandlung. Die Behandlung der Kranken in den Heilstätten erfolgt in allen Fällen nach den von Brehmer und Dettweiler aufgestellten hygienischdiätetischen Grundsätzen. Sie erstreckt sich in gleicher Weise auf die körperliche Fürsorge wie auf das Gemüts- und Seelenleben der Kranken, ihre hygienische Belehrung und ihre Erziehung zur Beobachtung einer zweckmäßigen Hygiene. Der körperlichen Behandlung dient die Ruhe und Luftliegekur in geschützten luftigen Hallen. An die Tagesliegekur und die Nachtruhe schließt sich die körperliche Bewegung an, die in regelmäßigen 1—1½-stündigen Spaziergängen und allmählich gesteigerten Geh- und Steigübungen besteht. Bei denjenigen Patienten, die bald als voll arbeitsfähig ihrem Berufe wieder zurückgegeben werden können, tritt an die Stelle der Liegekur die Beschäftigung im Freien, bei Handwerkern leichte Beschäftigung in den Werk- und Arbeitsstätten der Heilstätten. In den Fällen, in denen nicht frische ausgedehnte oder fieberhafte Krankheitsprozesse vorliegen, tritt zu der Freiluftkur auf Liegestühlen eine vorsichtig abgestufte und gesteigerte Übung der Lunge durch methodisch ausgeführte Tiefatmungen, Turnübungen u. dgl. hinzu. Der körperlichen Reinigung und damit der Förderung einer ungestörten Hautatmung dienen Vollbäder. Im Anschluß daran werden kühle oder kalte Übergießungen und allmorgendliche naßkalte Abreibungen vorgenommen, durch die die Haut in die Lage versetzt wird, leichte Temperaturschwankungen ausgleichend zu beantworten. In der ersten Zeit der Kur kommt die feuchte Brustpackung des ganzen Brustkorbes, einschließlich der Lungenspitzengegenden, für die Nacht zur Anwendung. Mit fortschreitender Besserung der Krankheit tritt eine ausgiebige Wasserbehandlung mittels der Regen-, Strahlen-, Fächer- und Wechselduschen ein. Die Brustpackungen, Abreibungen und Übergießungen werden von geschultem Pflegepersonal nach genauen ärztlichen Vorschriften, die Duschen vom Arzte selbst verabreicht. Die diätetische Heilbehandlung besteht in der Hauptsache in einer zweckmäßigen Ernährung, die durch eine gemischte Kost, bestehend aus Eiweiß, Fett- und Kohlehydraten, erzielt wird. Hinsichtlich der aufzunehmenden Nahrungsmenge bestehen für die Kranken keine Einschränkungen. Zu den Mahlzeiten, deren Auswahl, Zusammensetzung, Güte und Menge vom Arzte geprüft werden, wird Milch, im Sommer auf Wunsch Selterswasser verabreicht. Zum Mittag- und Abendessen kann auch, wenn ärztliche Erwägungen nicht dagegen sprechen, je $\frac{1}{4}$ Liter leichten Bieres getrunken werden, während jeglicher Alkohol in anderer Form und Menge nur als Heilmittel zur Anwendung kommt. Zu den genannten Heilfaktoren tritt noch die Verabreichung von Arzneimitteln hinzu, sofern ihre Anwendung im Einzelfall durch besondere Verhältnisse geboten oder ratsam erscheint. Als Heilmittel, dem eine spezifische Wirkung auf die Tuberkulose zuzuschreiben ist, findet das Tuberkulin Anwendung. Die Patienten, die sich der Tuberkulinbehandlung unterziehen wollen, erhalten zweimal wöchentlich das Tuberkulin in jeweilig angepaßter Verdünnung unter die Haut des Rückens eingespritzt. Ein Zwang wird in diesem Punkte nicht ausgeübt, die therapeutische Behandlung mit Tuberkulin tritt vielmehr nur bei den Kranken ein, die damit einverstanden sind. Dagegen wird von jedem neu Aufgenommenen verlangt, daß er sich der Tuberkulineinspritzung behufs sicherer Feststellung der Diagnose unterwirft. Die mit der dargestellten Heilbehandlung erzielten Erfolge sind sehr günstige gewesen.

Soweit die Zeit der Kranken durch die Heilbehandlung selbst nicht in Anspruch genommen wird, bieten ihnen Zeitschriften, Büchereien und Spiele Gelegenheit zum Zeitvertreib.

Nachbehandlung.

Um den Heilerfolg möglichst zu einem dauernden zu gestalten, ist dafür Sorge getragen, daß die Arbeiter nicht sofort nach ihrer Entlassung aus den Heilstätten wieder in vollem Umfange in das frühere Arbeitsverhältnis zurücktreten müssen, sondern sich noch einige Zeit schonen können. Je nach den Umständen des einzelnen Falles findet entweder eine Nachbehandlung in Erholungsheimen statt, oder es wird den Entlassenen eine leichtere Beschäftigung überwiesen, oder sie werden an einer Arbeitsstelle beschäftigt, die ihrem schonungsbedürftigen Zustande mehr als die frühere zusagt. Die Eisenbahndirektionen sind ermächtigt, diesen Arbeitern den vollen Lohn auch dann zu zahlen, wenn sie die Arbeiten nicht in vollem Umfange leisten können.

Familienunterstützung.

Die Pensionskasse zahlt den Familien verheirateter Kurbefohlener während der Dauer des Heilverfahrens eine Unterstützung in Höhe des vollen Krankengeldes, während sie gesetzlich nur verpflichtet wäre, ihnen die Hälfte des Krankengeldes zu belassen.

An Familienunterstützungen wurden im Jahre 1905 88 421 M. gegen 74 238 M. im Jahre 1904 gezahlt.

Durchführung des Heilverfahrens im Jahre 1905.

Im Jahre 1905 wurden 1 368 (gegen 1 118 im Jahre 1904, 953 im Jahre 1903, 849 im Jahre 1902) Personen durch Ausführung eines planmäßigen Heilverfahrens einer ständigen Heilbehandlung unterzogen, und zwar 810 (716 im Jahre 1904, 632 im Jahre 1903, 540 im Jahre 1902) Personen, die an Lungentuberkulose, und 558 (402 im Jahre 1904, 321 im Jahre 1903, 309 im Jahre 1902) Personen, die an anderen Krankheiten litten. Außerdem wurde noch bei 207 nicht lungenkranken Personen eine nichtständige Heilbehandlung abgeschlossen.

Von den vorerwähnten 1 368 Personen wurden behandelt:

in Krankenhäusern (Kliniken, Kaltwasserheilanstalten, medico-mechanischen Instituten) 62

in Heilanstalten für Lungenkranke, Luftkurorten . . . 824

in Genesungsheimen, Rekonvaleszentenanstalten 9

in Bädern 425

in Privatpflege, Landaufenthalt, eigener Wohnung . . . 47

in nicht näher bezeichneten Heilstätten . . . . 1.

Bei der großen Zahl der Anträge auf Einleitung eines Heilverfahrens, die als Beweis dafür angesehen werden kann, daß sich unter den Bediensteten immer mehr das Verständnis für diese Fürsorgeeinrichtung Bahn bricht, war der Vorstand der Pensionskasse nicht in der Lage, die erkrankten Personen sämtlich in den von der Pensionskasse in Schreiberhau i. R. und Melsungen errichteten eigenen Lungenheilstätten „Moltkefels" und „Stadtwald" unterzubringen. Es mußten vielmehr Kranke auch anderen Heilstätten überwiesen werden, um den Beginn des Heilverfahrens nicht zu verzögern.

In die genannten eigenen Heilstätten der Pensionskasse sind nach dem vom Vorstande über ihre Wirksamkeit im Jahre 1905 erstatteten Jahresbericht aufgenommen worden:

	Stadtwald	Moltkefels
Bestand Ende des Jahres 1904	62	39
Zugang:		
a) Pensionskassenmitglieder	512	394
b) Eisenbahnbeamte	30	23
c) auf Kosten von Eisenbahndirektionen (Unfallverletzte)	6	1
insgesamt . .	610	457
Von diesen 610 bezw. 457 Patienten kommen statistisch nicht in Betracht:		
1. infolge anderer Leiden	12	5
2. wegen Fehlens einer tuberkulösen Erkrankung . .	21	4
3 wegen Übernahme ins Jahr 1906	105	97
4. aus anderen Gründen	36	14
insgesamt . .	174	120
Von den im Jahre 1905 abgeschlossenen Heilverfahren kommen hiernach für die Statistik in Betracht . .	436	337
Von diesen waren untergebracht:		
1. auf Kosten der Pensionskasse (Kassenmitglieder)	409	316
2. auf eigene Kosten (Beamte)	22	19
3. auf Kosten der Eisenbahnverwaltung (Unfallverletzte)	5	2
zusammen . .	436	337
	773	

Unter den 773 Pfleglingen befand sich ein Rentenempfänger, während von den übrigen 772 beschäftigt waren:

in Bureaus 26
in Güterabfertigungen 42
auf Bahnhöfen 122
auf den Bahnstrecken 165
in Werkstätten 399
im Zugförderungs- und -Begleitungsdienst   18.

Dem Lebensalter nach verteilten sich die 773 Pfleglinge auf nachstehende Gruppen:

bis zu 20 Jahren 9
von 20—30 Jahren 302
„   30—40   „   304
„   40—50   „   117
„   50—60   „   38
„   60 Jahren und darüber . . . . 3.

Von den 220 Betten waren belegt:

1 9 0 5	Stadt-wald	Moltke-fels	zu-sammen
am 1. Januar	62	39	101
„ 1. Februar	60	54	114
„ 1. März	71	61	132
„ 1. April	94	81	175
„ 1. Mai	115	84	199
„ 1. Juni	116	96	212
„ 1. Juli	120	100	220
„ 1. August	120	100	220
„ 1. September	120	100	220
„ 1. Oktober	120	100	220
„ 1. November	120	100	220
„ 1. Dezember	120	100	220

Die Gesamtzahl der Krankenverpflegungstage betrug:

bei Stadtwald 38 763,
„ Moltkefels . . . . 32 098.

Von dieser Gesamtsumme entfielen auf die im Jahre 1905 abgeschlossenen Fälle der Heilbehandlung

bei Stadtwald 33 255,
„ Moltkefels . . . . 28 368 Tage,

so daß auf einen Fall

bei Stadtwald durchschnittlich . . 76,3 „
„ Moltkefels   „   . . 84,2 „

kamen.

Die nachstehende Zusammenstellung ergibt einen Überblick über die Einnahmen und Ausgaben der beiden Heilstätten:

Bezeichnung der Position	Heilstätte	
	Stadtwald	Moltkefels
	1905 vereinnahmt bezw. verausgabt	
	M.	M.
Einnahmen:		
Entschädigung für die Aufnahme von Nichtmitgliedern . .	7 083	5 873
Erlös aus Erträgnissen von Land, Garten, Wald	3 380	426
Verschiedenes	957	469
Summe	11 420	6 768
Ausgaben:		
Personal (Gehalt, Löhne, Reisekosten, Remunerationen, Weihnachtsgeschenke, Versicherungsbeiträge).	27 922	29 475
Beköstigung für Pfleglinge und Personal	83 708	77 656
Auslagen für Pfleglinge	5 211	6 849
Wäsche (Reinigung, Instandhaltung, Ergänzung)	1 335	1 782
Arzneien, Instrumente, Apparate, Verbandstoffe, Drogen .	3 442	4 321
Materialien für Heizung, Beleuchtung, Desinfektion	12 765	14 629
Wasserversorgung, Abwässerentfernung, Eisbeschaffung .	5 440	2 986
Unterhaltung der Baulichkeiten und Maschinenanlagen . .	6 655	4 741
Unterhaltung und Ergänzung der Inventarien (ausschl. Wäsche)	3 962	6 594
Unterhaltung von Garten, Land, Park, Wald	7 605	7 395
Materialien für die Reinigung von Haus, Kleidern, Stiefeln usw.	1 683	1 310
Bureaukosten (Schreibutensilien, Porto, Telephon)	665	1 085
Fuhrwerk	9 072	837
Versicherungsbeträge und Steuern	825	721
Lesestoff, Spiele, Gottesdienst.	1 582	2 234
Verzinsung und Abschreibung	36 240	31 064
Verschiedenes	1 832	1 207
Summe der Ausgaben	209 944	194 886
Hiervon ab der Wert der Bestände bei der Inventur am 31. Dezember 1905.	4 400	5 704
bleiben	205 544	189 182
Hiervon ab die Einnahmen	11 420	6 768
verbleiben an Ausgaben	194 124	182 414

Die Kosten für einen Krankenverpflegungstag betrugen bei der Heilstätte „Stadtwald" 1,70 M., bei der Heilstätte „Moltkefels" 1,80 M.

Die Erfolge der Heilstättenbehandlung im Jahre 1905 sind durchaus günstige gewesen.

Von den 436 und 337 behandelten Kranken, von denen bei der Aufnahme nach der Turbanschen Stadieneinteilung

	Stadtwald	Moltkefels
dem I. Stadium	$275 = 63{,}07\ \%$	$86 = 25{,}52\ \%$
„ II. „	$60 = 13{,}76\ \%$	$122 = 36{,}20\ \%$
„ III. „	$101 = 23{,}17\ \%$	$129 = 38{,}28\ \%$

angehörten, haben nur 8 bis 3 kg an Gewicht abgenommen, 6 sind auf ihrem Körpergewicht stehen geblieben, dagegen haben 759 an Gewicht zugenommen, und zwar

	Stadtwald	Moltkefels	zusammen
bis 2 kg	26	31	57
von 2— 4 kg	78	53	131
„ 4— 6 „	99	60	159
„ 6— 8 „	95	78	173
„ 8—10 „	66	52	118
„ 10—12 „	35	35	70
„ 12—14 „	19	12	31
„ 14—16 „	3	9	12
„ 16—18 „	1	4	5
„ 18 und darüber. . . .	—	3	3

Über die durch die Heilstättenbehandlung erzielten Erfolge hinsichtlich der Erwerbsfähigkeit und des Krankheitsprozesses geben die folgenden Tabellen Aufschluß:

Es wurden entlassen:

Bei der Aufnahme im Stadium	mit nachfolgendem Grad der Erwerbsfähigkeit	hinsichtlich des Krankheitsprozesses als								zusammen
		gebessert mit Aufsicht auf Dauererfolg		gebessert		un- gebessert		verschlechtert oder gestorben		
		Stadtwald	Moltkefels	Stadtwald	Moltkefels	Stadtwald	Moltkefels	Stadtwald	Moltkefels	
I.	Voll und dauernd erwerbsfähig . .	151	31	6	45	—	—	—	—	233
	Größtenteils erwerbsfähig	6	—	85	8	13	1	—	—	113
	Teilweise erwerbsfähig	—	—	5	—	4	—	—	—	9
	Nicht erwerbsfähig	—	—	—	1	1	—	4	—	6
	Summe . . .	157	31	96	54	18	1	4	—	361
II.	Voll und dauernd erwerbsfähig . .	2	—	—	71	—	—	—	—	73
	Größtenteils erwerbsfähig	—	—	41	40	2	1	—	—	84
	Teilweise erwerbsfähig	—	—	7	4	3	1	1	—	16
	Nicht erwerbsfähig	—	—	1	1	2	3	1	1	9
	Summe . . .	2	—	49	116	7	5	2	1	182
III.	Voll und dauernd erwerbsfähig . .	—	—	—	19	—	—	—	—	19
	Größtenteils erwerbsfähig	—	—	28	50	2	—	—	—	80
	Teilweise erwerbsfähig	—	—	28	32	20	3	—	—	83
	Nicht erwerbsfähig	—	—	—	5	23	17	—	3	48
	Summe . . .	—	—	56	106	45	20	—	3	230

Einen Kurerfolg hinsichtlich der Erwerbsfähigkeit hatten:

	Stadtwald	Moltkefels	Beide Heilstätten zusammen
Im I. Stadium	$157 + 104 + 9 = 270$	$76 + 9 + 0 = 85$	$270 + 85 = 355$
„ II. „	$2 + 43 + 11 = 56$	$71 + 41 + 5 = 117$	$56 + 117 = 173$
„ III. „	$0 + 30 + 48 = 78$	$19 + 50 + 35 = 104$	$78 + 104 = 182$
insgesamt	$404 = 92{,}66\,\%$ der Behandelten $1904 = 92{,}89\,\%$	$306 = 90{,}90\,\%$ der Behandelten $1904 = 89{,}89\,\%$	$710 = 91{,}85\,\%$ der Behandelten $1904 = 91{,}35\,\%$

4*

Einen Kurerfolg hinsichtlich des Krankheitsprozesses hatten:

	Stadtwald	Moltkefels	Beide Heilstätten zusammen
Im I. Stadium	$157 + 96 = 253 = 92{,}36\,\%$	$31 + 54 = 85 = 98{,}83\,\%$	$253 + 85 = 338 = 93{,}63\%$
„ II. „	$2 + 49 = 51 = 85{,}00\,\%$	$0 + 116 = 116 = 95{,}08\,\%$	$51 + 116 = 167 = 91{,}76\%$
„ III. „	$0 + 56 = 56 = 55{,}44\,\%$	$0 + 106 = 106 = 82{,}17\,\%$	$56 + 106 = 162 = 70{,}43\%$
Von diesen waren gebessert mit Aussicht auf Dauererfolg	$157 + 2 + 0 = 159 = 36{,}47\,\%$	$31 + 0 + 0 = 31 = 9{,}19\,\%$	$159 + 31 = 190 = 24{,}58\%$
Gebessert . . .	$96 + 49 + 56 = 201 = 46{,}10\,\%$	$54 + 116 + 106 = 276 = 81{,}89\,\%$	$201 + 276 = 477 = 61{,}71\%$
zusammen	$82{,}57\,\%$ $1904 = 83{,}40\,\%$	$91{,}08\,\%$ $1904 = 89{,}40\,\%$	$86{,}29\%$ $1904 = 86{,}03\%$

Die Übersicht auf S. 53 und 54 gibt einen Gesamtüberblick über das von der Pensionskasse im Jahre 1905 durchgeführte Heilverfahren und einen Vergleich mit der von den Arbeiterpensionskassen anderer deutscher Staatsbahnen unternommenen Heilbehandlung.

Für die im Jahre 1905 insgesamt durchgeführte Heilbehandlung wurden einschließlich der bereits erwähnten Familienunterstützung 599 049 Mark aufgewendet; Eisenbahnkrankenkassen, Gemeinden usw. erstatteten 105 426 M., so daß die Pensionskasse allein 493 623 M. zu tragen hatte.

Invalidenheime. Neben einer systematischen Fürsorge für lungenkranke Arbeiter ist die Pensionskasse (Abteilung A) auch dem weiteren Bedürfnis gerecht geworden, für diejenigen Arbeiter, die nach Eintritt der Erwerbsunfähigkeit allein dastehen oder bei Angehörigen keine ausreichende Pflege finden können, Stätten zu schaffen, an denen sie sorgenfrei ihren Lebensabend verbringen können. Auf Grund des § 25 des Invalidenversicherungsgesetzes und des § 17 der Satzungen der Pensionskasse sind von dieser bisher drei eigene Invalidenheime errichtet worden, von denen das erste am 1. August 1904 in Jenkau bei Danzig, das zweite am 1. Juni 1905 in Birkenwerder bei Berlin, das dritte am 1. Oktober 1905 in Herzberg i/H. eröffnet wurde.

Das Invalidenheim in Jenkau besteht aus einer Anzahl von einzeln stehenden Wohngebäuden, die einen Gartenplatz umschließen und Raum für über 100 Invaliden bieten. Ein großer Park, zahlreiche Gärten und Äcker in einer Gesamtgröße von 50 Morgen gehören zum Heim. Der Park mit hohem dichten Laub- und Nadelwald schützt die Wohnhäuser vor Wind und Wetter. Große Wälder und Seen liegen in der Nähe.

	Pensionskasse für die Arbeiter der				
	preußi-schen	bayeri-schen	sächsi-schen	badi-schen	Reichs-eisen-bahnen im Elsaß
	Staatseisenbahnen				

Ständige Heilbehandlung wegen Lungentuberkulose.

	preußischen	bayerischen	sächsischen	badischen	Reichseisenbahnen im Elsaß
Anzahl der behandelten Personen	810	63	34	61	64
Verpflegungstage überhaupt . . .	63 756	5 113	2 900	5 381	4 003
„ für eine Person	79	81	85	88	63
Kostenaufwand.					
überhaupt . . . . M.	491 688	21 589	15 243	34 217	24 433
für eine Person . . . . . . „	607	343	448	561	382
für einen Verpflegungstag „	7,71	4,22	5,26	6,36	6,10
Von dem Kostenaufwand ent-fallen auf Familienunter-stützung . . . . „	105 260	3 044	4 771	8 990	7 187
sind von Krankenkassen, Gemeinden erstattet . . „	110 307	6 529	6 204	12 007	9 326
Heilerfolg wurde erzielt, so daß Erwerbsunfähigkeit im Sinne des § 5 Abs. 4 des Invaliden-versicherungsgesetzes nicht zu besorgen war:					
bei Personen	707	48	31	51	51
in $^0/_0$ der überhaupt Behandelten	87	76	91	84	80
Verpflegungstage überhaupt . . .	59 738	4 421	2 715	5 006	3 414
„ für eine Person	84	92	88	98	67
Kostenaufwand:					
überhaupt . . . . M.	461 713	19 047	14 302	31 892	20 666
für eine Person . . . . . . „	653	397	461	625	405
für einen Verpflegungstag „	7,73	4,31	5,27	6,37	6,05
Heilerfolg im Sinne des § 5 Abs. 4 des Invalidenversicherungs-gesetzes wurde nicht er-zielt:					
bei Personen	103	15	3	10	13
in $^0/_0$ der überhaupt Behandelten	13	24	9	16	20
Verpflegungstage überhaupt . . .	4 018	692	185	375	589
„ für eine Person	39	46	62	38	45
Kostenaufwand:					
überhaupt . . . . M.	29 975	2 542	941	2 325	3 767
für eine Person . . . . . . „	291	169	314	233	290
für einen Verpflegungstag „	7,46	3,67	5,08	6,20	6,40

	Pensionskasse für die Arbeiter der				
	preußi- schen	bayeri- schen	sächsi- schen	badi- schen	Reichs- eisen- bahnen im Elsaß
	Staatseisenbahnen				

Ständige Heilbehandlung wegen anderer Krankheiten als Lungentuberkulose.

Anzahl der behandelten Personen	558	63	19	158	32
Verpflegungstage überhaupt . . .	18 748	3 066	733	6 191	1 222
„ für eine Person	34	49	39	39	38
Kostenaufwand:					
überhaupt . . . . M.	123 467	14 708	5 766	28 738	7 623
für eine Person . . . . . . „	221	233	303	182	238
für einen Verpflegungstag „	6,59	4,80	7,87	4,64	6,24
Von dem Kostenaufwand ent- fallen auf Familienunter- stützung . . . . „	37 017	2 103	1 011	10 073	2 173
sind von Krankenkassen, Gemeinden erstattet . . „	34 937	4 139	1 269	15 454	2 929
Heilerfolg wurde erzielt, so daß Erwerbsunfähigkeit im Sinne des § 5 Abs. 4 des Invaliden- versicherungsgesetzes nicht zu besorgen war:					
bei Personen	517	56	15	132	25
in $^0/_0$ der überhaupt Behandelten	93	89	79	44	78
Verpflegungstage überhaupt . . .	17 415	2 848	533	5 302	984
„ für eine Person	34	51	36	40	39
Kostenaufwand:					
überhaupt . . . . M.	115 286	13 786	4 503	24 551	6 136
für eine Person . . . . . . „	223	246	300	186	245
für einen Verpflegungstag „	6,62	4,84	8,45	4,63	6,24
Heilerfolg im Sinne des § 5 Abs. 4 des Invalidenversicherungs- gesetzes wurde nicht er- zielt:					
bei Personen	41	7	4	26	7
in $^0/_0$ der überhaupt Behandelten	7	11	21	16	22
Verpflegungstage überhaupt . . .	1 333	218	200	889	238
„ für eine Person	33	31	50	34	34
Kostenaufwand:					
überhaupt . . . . M.	8 181	922	1 263	4 187	1 487
für eine Person . . . . . . „	200	132	316	161	212
für einen Verpflegungstag „	6,14	4,23	6,31	4,71	6,25

Jenkau ist von Danzig 8 km, von der Station Straschin-Prangschin 3 km entfernt.

Das Invalidenheim in Birkenwerder, an der Vorortstrecke Berlin—Oranienburg, liegt 5 Minuten vom Bahnhof Birkenwerder an einer schönen Kastanienallee und besteht aus einem früher als Sanatorium benutzten Gebäude, 32 Invaliden Platz bietend, inmitten eines großen parkartigen Gartens. An der Vorderseite des Hauses befindet sich eine geräumige, mit Wein bewachsene, gedeckte Veranda. Der Garten stößt mit seiner Rückseite an einen kleinen See, über den hinweg der Blick auf die prächtigen Wälder schweift, die sich in der Umgebung von Birkenwerder weithin erstrecken.

Das Invalidenheim in Herzberg liegt in der Stadt Herzberg, am Fuße des Harzes in landschaftlich schöner Gegend. Es umfaßt zwei Gebäude mit Raum für 60 Invaliden, einen großen Vorgarten und einen schönen Obst- und Gemüsegarten. Die hintere Grenze wird durch einen klaren, wasserreichen Gebirgsbach gebildet. Ein schöner Park, das anmutige Lonautal, Berg und Wald sind nahe erreichbar und bieten Gelegenheit zu schönen Spaziergängen.

Die Aufnahme in ein Invalidenheim tritt gesetzlich an Stelle der Invaliden- oder Altersrente, der Invalide muß also für seine Aufnahme im Invalidenheim auf seine Invaliden- oder Altersrente, ferner nach § 39 Abs. 4 der Pensionskassensatzungen auf ein Drittel seiner etwaigen Zusatzrente aus Abteilung B der Pensionskasse verzichten.

Die Aufnahme erfolgt nur auf Antrag. Der Aufgenommene ist auf ein Vierteljahr, und wenn er die Erklärung nicht einen Monat vor Ablauf dieses Zeitraums zurücknimmt, jedesmal auf ein weiteres Vierteljahr an den Rentenverzicht gebunden.

In die Invalidenheime werden zunächst nur ledige Männer aufgenommen. Auch bleiben solche Invaliden ausgeschlossen, deren baldiges Ableben zu erwarten steht, oder die an einer Krankheit leiden, welche andauernd besondere Pflege notwendig macht oder den übrigen Invaliden den Aufenthalt im Heim verleiden könnte. Die einmal aufgenommenen Invaliden können aber, auch wenn sie krank und siech werden, im Invalidenheim verbleiben.

Zur Aufnahme in ein Invalidenheim wird freie Fahrt auf der Eisenbahn gewährt. Kleidungsstücke, Stiefel, Schuhe, Wäsche sollen von dem Invaliden mitgebracht werden, ihre Ergänzung im Lauf der Zeit ist in der Regel Sache des Invaliden, bei Bedürftigkeit wird auch hierfür von der Anstalt gesorgt. Im Invalidenheim erhält der Invalide eine einfache, aber behaglich eingerichtete Wohnung mit allem notwendigen Zubehör einschließlich

Bettstelle, Betten und Bettwäsche, sowie nahrhafte und reichliche Beköstigung. Das Invalidenheim besorgt freie Reinigung der Wäsche. In Krankheitsfällen werden freie ärztliche Behandlung, häusliche Pflege, Arzneien und Heilmittel gewährt.

Beim Todesfall sorgt, falls der Verstorbene nicht besondere Mittel hierzu hinterlassen hat, die Pensionskasse für ein würdiges Begräbnis. Das Vermögen und die Hinterlassenschaft eines verstorbenen Invaliden fallen den erbberechtigten Hinterbliebenen, nicht dem Invalidenheim zu.

Die Zimmer des Invalidenheims werden in der Regel nur mit 2 Invaliden belegt. Behaglich eingerichtete Unterhaltungszimmer mit Lehnstühlen dienen zum gemeinsamen Aufenthalt. Bücher, Zeitungen, Zeitschriften liegen zur Benutzung aus, Karten-, Brett- und sonstige Unterhaltungsspiele dienen zur Kurzweil, auch steht ein Musikinstrument oder Musikautomat zur Verfügung. Die täglichen Mahlzeiten werden gemeinsam in einem Speisezimmer eingenommen. Das erste Frühstück besteht aus Kaffee und Butterbrot; Invaliden mit schwachem Magen erhalten nach Bedarf Milch. Das zweite Frühstück besteht wiederum aus Kaffee, Brot und Schmalz oder Butter. Mittags gibt es am Sonntage Braten und sonst noch 4—5 mal in der Woche Fleisch, dazu Kartoffeln, Gemüse oder Kompott, ein oder zweimal wöchentlich ein Fischgericht oder eine Eierspeise. Nachmittags wird wieder Kaffee verabreicht, abends eine warme Suppe oder Tee nebst Butter und Brot, Wurst oder Käse, Kartoffeln und Heringe usw.; Brot, Schmalz und warmer Kaffee stehen den ganzen Tag nach Bedarf zur Verfügung. Auf Wunsch erhält jeder Invalide täglich eine Flasche Bier oder Selterswasser.

Soweit es Kraft und Gesundheit zulassen, können sich die Invaliden an den Arbeiten im Haus oder Garten beteiligen. Werden von ihnen Arbeiten übernommen, so wird eine Arbeitsprämie in Geld gewährt.

Der Bestand, Zu- und Abgang an Invaliden im Jahre 1905 ist aus der nachfolgenden Übersicht ersichtlich:

| | Invalidenheim | | | zu- |
	Jenkau	Birken-werder	Herz-berg	sammen
Bestand am 31. Dezember 1904	17	—	—	17
Hinzugetreten im Laufe des Jahres 1905 . .	11	13	13	37
Ausgeschieden im Laufe des Jahres 1905 . .	11	—	2	13
bleibt Bestand am 1. Januar 1906 . .	17	13	11	41

Die aus dem Invalidenheim in Jenkau ausgeschiedenen 11 Invaliden haben nicht die Invalidenhauspflege aufgegeben, sondern sind in die später eröffneten, ihrer Heimat näher gelegenen Invalidenheime in Birkenwerder und Herzberg übergesiedelt.

Von den im Jahre 1905 eingetretenen Invaliden befanden sich im Alter :

unter 50 Jahren 2,
von 50—60 ,, ... 9,
,, 60—70 ,, ... 18,
,, 70—80 ,, ... 7,
über 80 Jahre . . . . 1.

Die Einnahmen und Ausgaben der einzelnen Invalidenheime haben im Jahre 1905 betragen:

Laufende No.	Bezeichnung	Invalidenheim in			zu-sammen
		Jenkau	Birken-werder	Herz-berg	
		M.	M.	M.	M.
	Einnahmen.				
1	Renten für die gemäß § 17 der Satzungen verpflegten Personen	4 422	904	336	5 662
2	$^1/_3$ der Zusatzrente aus der Abteilung B der Pensionskasse (§ 39 Ziffer 4 der Satzungen)	511	173	75	759
3	Entschädigungen für die Aufnahme dritter Personen	376	—	—	376
4	Erlös aus Erträgnissen der Land-, Gar-ten- und Feldwirtschaft	2 326	18	409	2 753
5	Verschiedene Einnahmen	198	—	64	262
	zusammen . . .	7 833	1 095	884	9 812
	Ausgaben.				
1	Personal (Gehalt, Löhne, Reisekosten usw.)	2 672	1 119	781	4 572
2	Beköstigung der Pfleglinge und des Personals	6 409	2 335	824	9 568
3	Besondere Auslagen für die Pfleglinge	565	114	—	679
	Übertrag	9 646	3 568	1 605	14 819

Laufende No.	Bezeichnung	Invalidenheim in			zu-sammen
		Jenkau M.	Birken-werder M.	Herz-berg M.	M.
	Übertrag	9 646	3 568	1 605	14 819
4	Wäsche (Reinigung, Instandhaltung, Er-gänzung)	187	2 806	639	3 632
5	Arzneien, Heilmittel u. dergl.	235	—	53	288
6	Materialien für Heizung, Beleuchtung und Desinfektion	40	686	429	1 155
7	Wasserversorgung und Abwässerentfer-nung	3 181	1 075	—	4 256
8	Unterhaltung der Baulichkeiten und Maschinenanlagen.	7 003	521	429	7 953
9	Unterhaltung und Ergänzung der In-ventarien	4 395	5 767	4 660	14 822
10	Unterhaltung der Gartenanlagen, der Wege.	39	451	2	492
11	Materialien für Reinigung von Haus, Kleidern, Stiefeln usw.	61	18	7	86
12	Bureaukosten (Schreibutensilien, Porto usw.)	45	51	59	155
13	Fuhrwerk	876	—	—	876
14	Feuerversicherungs - Beiträge und Steuern.	392	86	319	797
15	Lesestoff, Spiele.	27	177	71	275
16	Verzinsung und Abschreibung (Pacht für die Gebäude).	1 508	—	—	1 508
17	Verschiedenes.	62	257	21	340
18	Bestellung der Gärten und Felder . . .	1 335	—	3	1 338
	zusammen . . .	29 032	15 463	8 297	52 792

Die Pensionskasse hat hiernach im Jahre 1905 für Invalidenhauspflege rund 43 000 M. aufgewendet.

Die Kosten für die Verpflegung eines Invaliden stellten sich durchschnittlich für den Tag

im Invalidenheim Jenkau . . . . auf 70 Pf.,

,, ,, Birkenwerder . . . . . ,, 90 ,,

,, ,, Herzberg . . . . ,, 80 ,,

Welchen Betrag die Abteilung A dauernd für einen Invaliden wird zuschießen müssen, läßt sich aus den bisherigen Ergebnissen noch nicht sicher ermessen, weil die Invalidenheime erst kurze Zeit im Betriebe sind und unter den Ausgaben noch größere Beträge für erstmalige Beschaffungen enthalten sind.

Nachdem die Erkenntnis von den Vorzügen der Invalidenheime in den beteiligten Kreisen durchgedrungen ist, haben sich auch die Anträge um Aufnahme vermehrt, so daß die volle Besetzung der für insgesamt 200 Invaliden vorhandenen Räume zu erwarten ist.

Die Gesamtausgaben der Abteilung A betrugen im Jahre 1905 2 965 222 M. Davon entfielen:

Gesamtausgaben
der Abteilung A.

auf Invaliden-, Kranken- und Altersrente . .	1 980 690 M.
„ Heilverfahren	493 623 „
„ Invalidenhauspflege	42 980 „
„ Beitragserstattungen	92 460 „
„ Verwaltungskosten	10 885 „
„ Erhebungen bei Gewährung oder Entziehung der Rente	12 784 „
„ Zuwendung der Abteilung A an Abteilung B	328 124 „
„ Schiedsgerichtskosten	3 676 „
Sa.	2 965 222 M.

Die Ausgaben haben sich im Zeitraum von 1896—1905 um 2 398 195 M. erhöht.

II. Abteilung B.

Die Abteilung B bildet eine Wohlfahrtseinrichtung im engeren Sinne, da sie nicht auf gesetzlichem Zwange beruht, sondern eine freiwillige Einrichtung der Staatseisenbahnverwaltung ist.

b) Abteilung B.
Zweck.

Sie bezielt und bietet eine über die reichsgesetzliche hinausgehende besondere Fürsorge für die mindestens ein Jahr lang bei der Eisenbahnverwaltung beschäftigt gewesenen Arbeiter durch Gewährung von Zusatzrenten, Witwen-, Waisen- und Sterbegeldern.

Auf Grund der „Gemeinsamen Bestimmungen für die Arbeiter aller Dienstzweige der Staatseisenbahnverwaltung" werden die bei der Abteilung A versicherungspflichtigen Personen zum Beitritt zur Abteilung B verpflichtet.

Mitgliedschaft.
Beitrittspflicht.

Die Aufnahme der männlichen Personen erfolgt indes erst, wenn sie der Militärpflicht genügt haben oder von derselben befreit oder der Ersatzreserve oder dem Landsturm ersten Aufgebots überwiesen und mindestens 1 Jahr lang im Dienste der Verwaltung beschäftigt sind. Weibliche Personen werden nach einjähriger Beschäftigung bei der Verwaltung nur dann aufgenommen, wenn sie nicht nur nebenher, sondern voll beschäftigt werden und sich hierdurch in der Hauptsache ihren Lebensunterhalt verdienen. Hierbei macht es keinen Unterschied, ob sie Ehefrauen von Bediensteten der Verwaltung sind oder nicht.

Freiwillige Versicherung. Zur freiwilligen Versicherung bei der Abteilung B sind berechtigt:

a) Die in der Stellung als Techniker beschäftigten Personen, deren regelmäßiger Jahresarbeitsverdienst mehr als 2000 M. beträgt, solange sie in der Beschäftigung bei der Staatseisenbahnverwaltung sich befinden und Mitglieder der Abteilung A sind.

b) Die in das Beamtenverhältnis übertretenden Mitglieder der Abteilung B.

c) Empfänger von Unfallrenten, Pensionen, Wartegeldern oder ähnlichen Bezügen, die der Abteilung A nicht angehören, wenn sie bei der Eisenbahnverwaltung oder bei der Pensionskasse im Arbeiterverhältnis nicht nur vorübergehend beschäftigt werden.

d) Mitglieder der Abteilung B, die aus anderen Gründen als wegen Erwerbsunfähigkeit oder militärischer Dienstleistungen die Beschäftigung bei der Staatseisenbahnverwaltung vorübergehend, höchstens auf die Dauer von 26 Wochen unterbrechen, auch wenn sie während dieser Unterbrechung vorübergehend bei einem anderen Arbeitgeber in Dienst treten.

Anzahl der Mitglieder. Die Anzahl der Mitglieder betrug:

Am Schlusse des Kalenderjahres	überhaupt	darunter		durchschnittlich (im Jahresmittel)	von je 100 des Durchschnittsbestandes aller Arbeiter, d. h. der Mitglieder der Abteilung A
		weibliche	freiwillige		
1900	175 093	714	—	172 044	75 %
1901	185 346	835	—	178 920	77 %
1902	192 781	1142	12 570	189 902	82 %
1903	200 328	1252	14 564	194 661	80 %
1904	213 042	1418	15 792	205 133	79 %
1905	222 940	1564	21 368	216 259	79 %

Die Zahlen in der letzten Spalte beweisen, daß der überwiegend größte Teil der in der Beschäftigung bei der Eïsenbahnverwaltung eintretenden Arbeiter von der Einrichtung Gebrauch macht.

Das Lebensalter der Mitglieder der Abteilung ergibt sich aus der nachstehenden Übersicht.

Lebensalter	Im nebenbezeichneten Lebensalter waren Mitglieder der Abteilung B der Pensionskasse vorhanden am 1. Januar											
	1901		1902		1903		1904		1905		1906	
	Zahl	%	Zahl	%	Zahl	%	Zahl	%	Zahl	%	Zahl	%
70 Jahre und darüber.	809	0,46	788	0,43	790	0,40	764	0,88	771	0,36	664	0,30
mehr als 65 bis 69 Jahre	2 104	1,21	2 279	1,23	2 338	1,22	2 378	1,19	2 340	1,10	2 349	1,10
„ „ 60 „ 64 „	4 396	2,52	4 629	2,50	4 859	2,51	5 050	2,52	5 219	2,48	5 294	2,37
„ „ 55 „ 59 „	7 247	4,13	7 861	4,24	8 046	4,19	8 304	4,15	8 824	4,14	9 108	4,08
„ „ 50 „ 54 „	10 446	5,97	11 314	6,10	12 265	6,36	12 828	6,40	12 971	6,09	12 986	5,83
„ „ 45 „ 49 „	13 861	7,91	14 280	7,70	14 658	7,60	15 531	7,75	16 599	7,79	17 455	7,83
„ „ 40 „ 44 „	18 154	10,37	19 483	10,51	20 610	10,69	21 952	10,96	22 992	10,79	24 340	10,92
„ „ 35 „ 39 „	25 612	14,62	27 506	14,84	29 233	15,17	30 527	15,24	33 174	15,57	34 693	15,56
„ „ 30 „ 34 „	35 224	20,12	35 823	19,33	38 963	20,21	41 491	20,71	45 055	21,14	47 491	21,30
„ „ 25 „ 29 „	42 994	24,55	46 748	25,22	47 982	24,89	48 185	24,05	50 204	23,56	51 600	23,15
„ „ 20 „ 24 „	14 237	8,13	14 628	7,89	13 016	6,75	13 281	6,63	14 860	6,96	16 930	7,59
bis zu 20 Jahren	9	0,01	7	0,01	21	0,01	37	0,02	33	0,02	30	0,02
zusammen . . .	175 093	100,00	185 346	100,00	192 781	100,00	200 328	100,00	213 042	100,00	222 940	100,00

Die Mitgliedschaft bei der Abteilung B erlischt mit dem Aufhören der Beschäftigung bei der Eisenbahnverwaltung. Nur den in das Beamtenverhältnis übertretenden Mitgliedern ist gestattet, die Mitgliedschaft freiwillig fortzusetzen, was in immer größerem Umfange geschieht.

Die Zahl der aus der Abteilung B ausgeschiedenen Mitglieder hat betragen:

Erlöschen der Mitgliedschaft.

infolge	1900	1901	1902	1903	1904	1905
a) Ablebens	1 530	1 661	1 594	1 551	1 474	1 628
b) Übertritts in den Bezug einer Pension, Invalidenrente nebst Zusatzrente	1 219	1 525	1 654	1 848	1 845	2 060
c) bahnseitiger Gewährung einer Unfallrente	58	66	76	61	77	67
d) Übernahme von Mitgliedern in das Verhältnis von Eisenbahnunterbeamten	4 263	3 713	2 541	3 513	2 771	6 806
e) sonstiger freiwilliger oder unfreiwilliger Aufgabe der Beschäftigung bei der Eisenbahnverwaltung: mit Beitragsrückgewähr	8 530	6 674	6 563	5 793	6 473	7 351
ohne „	258	180	304	249	145	247
zusammen . . .	15 858	13 819	12 732	13 015	12 785	18 159

Die Steigerung der Zahl der im Jahre 1905 ausgeschiedenen Mitglieder gegenüber der des Vorjahres ist erfreulicherweise im wesentlichen auf die überaus große Anzahl der in das Beamtenverhältnis übernommenen Mitglieder zurückzuführen.

Von den (unter e) aufgeführten Personen hatten im Jahre 1905 nur 1 835 bereits Anspruch auf die Leistungen der Kasse erworben.

Unter den im Jahre 1905 in das Staatsbeamtenverhältnis überführten Mitgliedern befanden sich 4695 mit einer mindestens fünfjährigen Mitgliedschaft bei der Abteilung B. Diesen wie ihren Angehörigen bleiben ohne weitere Beitragsleistung die Ansprüche auf die Leistungen der Abteilung B erhalten, die zu gewähren gewesen wären, wenn das Mitglied am Tage seiner Übernahme erwerbsunfähig geworden oder gestorben sein würde.

Beiträge.

Zum Zwecke der Beitragsleistung sind die Mitglieder, wie bei Abteilung A, in Lohnklassen eingeteilt. Die Zuteilung zu den für die Höhe der Beiträge und der Leistungen maßgebenden Lohnklassen erfolgt seit dem 1. Juli 1904 nicht mehr, wie bei der Abteilung A, nach der Höhe des zur Krankenkasse veranlagten Tagesverdienstes, sondern nach dem

Jahresarbeitsverdienste. Dieser wird derart ermittelt, daß der für die Krankenkassenbeiträge zugrunde gelegte Tagesverdienst

    a) bei den Mitgliedern, die regelmäßig, d. i. an mehr als der Hälfte der Sonntage beschäftigt werden oder dienstbereit sein müssen und hierfür gelöhnt werden, mit 365,

    b) bei den übrigen Mitgliedern mit 300 vervielfältigt wird.

Die gegenwärtig bestehenden Lohnklassen und die Höhe der laufenden Beiträge, neben denen ein einmaliger Beitrag von 1,50 M. als Eintrittsgeld erhoben wird, werden in der nachstehenden Übersicht dargestellt:

Lohn-klasse	Jahresarbeitsverdienst	Tagesverdienst		Laufende wöchent-liche Beiträge	
		der nicht regelmäßig an den Sonntagen beschäftigten Mit-glieder	der regelmäßig an den Sonntagen beschäftigten Mit-glieder	der männ-lichen Mit-glieder	der weib-lichen Mit-glieder
II	bis zu 550 M. einschließlich	bis 1,83 M.	bis 1,50 M.	28 Pf.	10 Pf.
III	von mehr als 550 — 850 M.	1,84 — 2,83 „	1,51 — 2,32 „	42 „	16 „
IV	„ „ „ 850 — 1050 „	2,84 — 3,50 „	2,33 — 2,87 „	56 „	20 „
V	„ „ „ 1050 — 1200 „	3,51 — 4,00 „	2,88 — 3,28 „	66 „	24 „
VI	„ „ „ 1200 — 1350 „	4,01 — 4,50 „	3,29 — 3,69 „	76 „	28 „
VII	„ „ „ 1350 M.	4,51 M. und mehr	3,70 M. und mehr	86 „	32 „

Die Lohnklasse VII ist erst seit dem 1. Juli 1904 gebildet, um den höher gelöhnten Arbeitern Gelegenheit zur Versicherung höherer Bezüge zu geben.

Die beitrittspflichtigen Mitglieder haben den Beitrag zur Hälfte, die freiwilligen Mitglieder dagegen voll zu zahlen, soweit nicht bei vorüber-gehender Unterbrechung der Beschäftigung die Eisenbahnverwaltung die Übernahme der Hälfte der Beiträge zusichert. Die laufenden Beiträge der beitrittspflichtigen Mitglieder betrugen im Jahre 1905 2 860 422 M., im Durchschnitt auf ein Mitglied 14,67 M. gegen 13,96 M. im Jahre 1904 und 13,20 M. im Jahre 1903.

Außer der Hälfte der laufenden Beiträge zahlt die Eisenbahnverwal-tung seit dem 1. April 1906 freiwillig einen außerordentlichen Zu-schuß in Höhe eines Sechstels der Gesamtbeiträge behufs Erhöhung der Kassenleistungen. Dieser Zuschuß beträgt jährlich mehr als eine

Außerordent-licher Zuschuß der Eisenbahn-verwaltung.

Million Mark. Die laufenden Beiträge der Eisenbahnverwaltung sind von 1 567 933 M. im Jahre 1896 auf 2 860 422 M. im Jahre 1905 gestiegen. Sie betrugen in den Jahren 1896 bis 1905 insgesamt rund 21 500 000 M.

Freiwillige Höher-versicherung.

Während es den Mitgliedern der Abteilung A gestattet ist, sich beliebig höher zu versichern, ist bei Abteilung B eine freiwillige Höherversicherung nur insoweit zugelassen, als die Mitglieder, die ihrem Jahresarbeitsverdienste entsprechend der Lohnklasse II angehören, die Beiträge nach Lohnklasse III entrichten dürfen und als es den Mitgliedern, deren Jahresarbeitsverdienst dauernd herabgesetzt wird, freisteht, die Beiträge in der bisherigen höheren Lohnklasse fortzuentrichten.

Verteilung der Kassenmitglieder auf die einzelnen Lohnklassen.

Wie sich die Mitglieder der Abteilung B auf die einzelnen Lohnklassen verteilen, ergibt die nachstehende Übersicht:

Zeitpunkt	Anzahl der Mitglieder der Lohnklasse							
	I	II	III	IV	V	VI	VII	insgesamt
1./1. 1901	—	14 813	88 325	44 632	12 611	14 712	—	175 093
1./1. 1902	—	14 825	91 881	47 286	14 624	16 730	—	185 346
1./1. 1903	—	15 099	95 135	50 280	14 694	17 573	—	192 781
1./1. 1904	—	14 638	98 546	53 000	15 284	18 860	—	200 328
1./1. 1905	—	11 995	70 211	56 742	37 343	22 873	13 878	213 042
1./1. 1906	—	8 017	70 159	59 095	41 105	26 796	17 768	222 940

In Prozenten der Mitglieder gehörten an:

der Beitrags-klasse	am 1. Januar					
	1901	1902	1903	1904	1905	1906
II	8,46	8,00	7,83	7,31	5,63	3,60
III	50,44	49,57	49,35	49,19	32,96	31,47
IV	25,49	25,51	26,08	26,46	26,63	26,51
V	7,21	7,89	7,62	7,63	17,53	18,43
VI	8,40	9,03	9,12	9,41	10,74	12,02
VII	—	—	—	—	6,51	7,97

Die Übersicht zeigt ein außergewöhnliches Aufsteigen der Kassenmitglieder aus den niedrigeren in die höheren Lohnklassen. Während am 1. Januar 1904 nur 43,50 % der Mitglieder den höheren Lohnklassen IV—VI

angehörten, umfaßten am 1. Januar 1906 die Lohnklassen IV—VII 64,93%
der Kassenmitglieder.

Die Leistungen der Abteilung B bestehen in Gewährung von Zusatz- Leistungen der
renten, Witwengeldern, Waisengeldern, einmaligen Abfindungen, Sterbe-   Abteilung B.
geldern und Beitragsrückgewähr.

Anspruch auf Zusatzrenten haben diejenigen Mitglieder der Ab-   Zusatzrenten.
teilung B, die ihr mindestens 5 Jahre lang angehört haben, sofern ihnen
eine Invalidenrente gewährt wird.

Ohne Anspruch auf Invalidenrente wird den in das Beamtenverhältnis
übergetretenen Mitgliedern Zusatzrente gezahlt, wenn sie wegen dauernder
Dienstunfähigkeit aus dem Dienste der Eisenbahnverwaltung scheiden.
Am 1. Januar 1906 belief sich die Anzahl der Mitglieder, die bereits Anspruch auf Zusatzrente hatten, auf 59,49 % sämtlicher Mitglieder.

Die Höhe der Zusatzrente bemißt sich nach der Lohnklasse, in der
zuletzt die Beiträge entrichtet worden sind und nach der Anzahl der bei
der Abteilung B zurückgelegten vollen Jahre der Mitgliedschaft. Die
Krankheitszeiten und die Zeiten militärischer Dienstleistungen, für die
Beiträge nicht zu entrichten sind, kommen hierbei in Anrechnung.

Dank der günstigen Vermögenslage der Abteilung B sind die Zusatzrenten seit dem 1. Januar 1891 um mehr als 100 % erhöht worden.

Über die Steigerung und die jetzige Höhe der Zusatzrenten gibt die
Übersicht auf S. 66 Auskunft.

Die Zusatzrenten werden auch dann gewährt, wenn an Stelle der
Invalidenrente die Altersrente, weil sie höher ist, bezogen wird oder wenn
Mitglieder der Abteilung B eine Invalidenrente lediglich aus dem Grunde
nicht beziehen, weil sie statt derselben eine ihren Betrag übersteigende
Unfallrente erhalten oder weil wegen des Bezuges einer Unfallrente oder
von Pensionen, Wartegeldern und ähnlichen Bezügen der Anspruch auf
die Invalidenrente ruht.

Die Zahlung der Zusatzrente beginnt mit demselben Zeitpunkte, von
dem ab die Invalidenrente gezahlt wird oder zu zahlen wäre. Wenn aber
das Mitglied noch Lohn oder Diensteinkommen bezieht, beginnt die Zahlung
der Zusatzrente erst mit dem Tage, an dem die Zahlung dieser Bezüge aufhört.
Der Bezug der Zusatzrente erlischt mit dem Wegfall der Invalidenrente.
Im Falle der Neubewilligung der Invalidenrente lebt auch der Anspruch
auf Zusatzrente wieder auf, und zwar auch dann, wenn eine neue Invalidenrente von einer anderen zugelassenen Kasseneinrichtung oder einer Versicherungsanstalt festgesetzt wird.

Erhalten die zum Bezuge einer Zusatzrente berechtigten Personen Unfallrenten oder sonstige Entschädigungen auf Grund gesetzlicher Vor-

Lohnklasse	Höhe der jährlichen Zusatzrente in Mark nach Vollendung von Mitgliedschaftsjahren bei Abteilung B							
	5—10	15	20	25	30	35	40	für jedes weitere Jahr mehr
Lohnklasse II:								
am 1. Januar 1891	30,00	40,20	50,40	60,00	70,20	80,40	—	—
nach d. 1. April 1895	34,80	46,20	57,60	69,00	81,00	92,40	—	—
nach d. 1. Januar 1900	45,00	60,00	75,00	90,00	105,00	120,00	—	—
nach d. 1. Juli 1904	60,00	80,40	100,20	120,00	140,40	160,20	180,00	4,00
vom 1. April 1906	66,00	88,20	110,40	132,00	154,20	176,40	198,00	4,40
Lohnklasse III:								
am 1. Januar 1891	45,00	60,00	75,00	90,00	105,00	120,00	—	—
nach d. 1. April 1895	52,20	69,00	86,40	103,80	121,20	138,00	—	—
nach d. 1. Januar 1900	67,80	90,00	112,80	135,00	157,80	180,00	—	—
nach d. 1. Juli 1904	90,00	120,00	150,00	180,00	210,00	240,00	270,00	6,00
vom 1. April 1906	99,00	132,00	165,00	198,00	231,00	264,00	297,00	6,60
Lohnklasse IV:								
am 1. Januar 1891	60,00	80,40	100,20	120,00	140,40	160,20	—	—
nach d. 1. April 1895	69,00	92,40	115,20	138,00	161,40	184,20	—	—
nach d. 1. Januar 1900	90,00	120,00	150,00	180,00	210,00	240,00	—	—
nach d. 1. Juli 1904	120,00	160,20	200,40	240,00	280,20	320,40	360,00	8,00
vom 1. April 1906	132,00	176,40	220,20	264,00	308,40	352,20	396,00	8,80
Lohnklasse V:								
am 1. Januar 1891	72,00	96,00	120,00	144,00	168,00	192,00	—	—
nach d. 1. April 1895	82,80	110,40	138,00	165,60	193,20	220,80	—	—
nach d. 1. Januar 1900	108,00	144,00	180,00	216,00	252,00	288,00	—	—
nach d. 1. Juli 1904	140,40	187,80	235,20	282,60	330,00	378,00	425,40	9,50
vom 1. April 1906	154,80	207,00	259,20	311,40	363,60	415,80	468,00	10,45
Lohnklasse VI:								
am 1. Januar 1891	84,00	112,20	140,40	168,00	196,20	224,40	—	—
nach d. 1. April 1895	96,60	129,00	161,40	193,20	225,60	258,00	—	—
nach d. 1. Januar 1900	126,00	168,00	210,00	252,00	294,00	336,00	—	—
nach d. 1. Juli 1904	160,20	215,40	270,00	325,20	380,40	435,00	490,20	11,00
vom 1. April 1906	176,40	237,00	297,60	358,20	418,80	478,80	539,40	12,10
Lohnklasse VII:								
am 1. Juli 1904	180,00	243,00	305,40	367,80	430,20	492,60	555,00	12,50
vom 1. April 1906	198,00	267,00	336,00	404,40	473,40	541,80	610,80	13,75

schriften (Pensionen, laufende Unterstützungen, Wärtegelder, Invaliden- oder Altersrente), so tritt ein Ruhen der Zusatzrente nur insoweit ein, als diese Bezüge zusammen über den $7^1/_2$ fachen Grundbetrag der Invalidenrente hinausgehen.

Die Steigerung der Zahl der Empfänger von Zusatzrenten und der Rentenbezüge ergibt sich aus folgender Übersicht:

Empfänger von Zusatzrenten		Es wurden an Zusatz- renten gezahlt	
am Ende des Jahres	Anzahl	im Jahre	M
1896	1 502	1896	173 671
1897	2 147	1897	226 819
1898	2 743	1898	290 825
1899	3 340	1899	351 942
1900	4 244	1900	439 145
1901	5 292	1901	571 343
1902	6 382	1902	719 057
1903	7 666	1903	878 848
1904	8 694	1904	1 026 869
1905	9 821	1905	1 249 839

Die Abteilung B zahlt außer den Zusatzrenten auch die Pensionen für diejenigen Arbeiter, die vor dem 1. Januar 1891 auf Grund der bis dahin in Wirksamkeit gewesenen Statuten der Betriebs- und Werkstätten- arbeiterpensionskasse pensioniert worden sind. Die Zahl dieser Pensionäre ist von 674 im Jahre 1896 auf 325 im Jahre 1905, der Betrag der Pensionen von 133 487 M. auf 60 204 M. zurückgegangen.

Anspruch auf Witwengeld haben:　　　　　　　　　　　　　　　　　　Witwengeld.

    a) die Witwen von Kassenmitgliedern, welche bis zu ihrem Ableben der Abteilung B mindestens fünf Jahre lang angehört haben;

    b) die Witwen der Empfänger von Zusatzrente, sofern die Ehe vor der Gewährung der Zusatzrente geschlossen ist;

    c) die Witwen der Empfänger von Altersrente, sofern die Verstorbenen bis zur Bewilligung der Altersrente der Abteilung B mindestens fünf Jahre lang angehört und die Ehe vor der Gewährung der Altersrente geschlossen haben.

Keinen Anspruch auf Witwengeld hat die Witwe, wenn die Ehe mit dem verstorbenen Mitgliede innerhalb dreier Monate vor seinem Ableben geschlossen, und die Eheschließung zu dem Zwecke erfolgt ist, um der Witwe den Bezug des Witwengeldes zu verschaffen.

Ob die Zahlung der Altersrente und Zusatzrente zur Zeit des Todes des Ehemannes geruht hat oder die Zusatzrente wegen Wegfalls der Invalidenrente entzogen war, ist für den Anspruch auf Witwengeld ohne Einfluß.

Das Witwengeld wird nach denselben Grundsätzen wie die Zusatzrente berechnet. Gleich der Zusatzrente ist es seit dem 1. Januar 1891 wesentlich erhöht worden.

Die Steigerung und die jetzige Höhe des Witwengeldes ist aus der Übersicht auf S. 69 zu ersehen.

Das Witwengeld wird bis zum Ablauf des Monats gezahlt, in dem sich die Witwe wieder verheiratet oder stirbt.

Beziehen Witwen auf Grund gesetzlicher Vorschriften Renten, Witwengelder oder sonstige Entschädigungen, so ruht der Anspruch auf Witwengeld der Abteilung B insoweit, als die ersteren Bezüge über den Betrag von 250 M. hinausgehen.

Die Steigerung der Anzahl der Empfängerinnen von Witwengeld und der Witwengelder ergibt sich aus nachstehender Übersicht:

Empfängerinnen von Witwengeld		Es wurden an Witwengeld gezahlt	
am Ende des Jahres	Anzahl	im Jahre	M.
1896	3 861	1896	282 486
1897	4 677	1897	336 597
1898	5 482	1898	395 817
1899	6 391	1899	456 855
1900	7 650	1900	551 233
1901	9 116	1901	713 313
1902	10 226	1902	786 812
1903	11 477	1903	894 082
1904	12 619	1904	1 021 488
1905	13 915	1905	1 187 366

Waisengeld.

Anspruch auf Waisengeld haben unter denselben Voraussetzungen, unter denen das Witwengeld gewährt wird, die noch nicht fünfzehn Jahre alten ehelichen Kinder von verstorbenen Mitgliedern und Renten-

Höhe des Witwengeldes in Mark nach Vollendung der nebenbezeichneten Mitgliedsjahre	Mitgliedschaftsjahre bei Abteilung B							
	5—10	15	20	25	30	35	40	Für jedes weitere Jahr mehr
Lohnklasse II:								
am 1. Januar 1891	30,00	40,20	50,40	60,00	70,20	80,40	—	—
nach d. 1. April 1895	34,80	46,20	57,60	69,00	81,00	92,40	—	—
nach d. 1. Januar 1900	45,00	55,80	66,60	77,40	87,60	98,40	—	—
nach d. 1. Juli 1904	60 00	72,00	84,00	96,00	108,00	120,00	132,00	2,40
vom 1. April 1906	66,00	79,20	92,40	105,60	118,80	132,00	145,20	2,64
Lohnklasse III:								
am 1. Januar 1891	45,00	60,00	75,00	90,00	105,00	120,00	—	—
nach d. 1. April 1895	52,20	69,00	86,40	103,80	121,20	138,00	—	—
nach d. 1. Januar 1900	67,80	84,00	100,20	115,80	132,00	147,60	—	—
nach d. 1. Juli 1904	90,00	108,00	126,00	144,00	162,00	180,00	198,00	3,60
vom 1. April 1906	99,00	118,80	138,60	158,40	178,20	198,00	217,80	3,96
Lohnklasse IV:								
am 1. Januar 1891	60,00	80,40	100,20	120,00	140,40	160,20	—	—
nach d. 1. April 1895	69,00	92,40	115,20	138,00	164,40	184,20	—	—
nach d. 1. Januar 1900	90,00	111,60	132,60	154,20	175,20	196,80	—	—
nach d. 1. Juli 1904	120,00	144,00	168,0o	192,00	216,00	240,00	264,00	4,80
vom 1. April 1906	132,00	158,40	184,80	211,20	237,60	264,00	290,40	5,28
Lohnklasse V:								
am 1. Januar 1891	72,00	96,00	120,00	144,00	168,00	192,00	—	—
nach d. 1. April 1895	82,80	110,40	138,00	165,60	193,20	220,80	—	—
nach d. 1. Januar 1900	108,00	133,80	159,60	184,80	210,60	235,80	—	—
nach d. 1. Juli 1904	140,40	168,60	197,40	225,60	254,40	282,60	311,40	5,70
vom 1. April 1906	154,80	186,00	217,20	249,00	280,20	311,40	342,60	6,27
Lohnklasse VI:								
am 1. Januar 1891	84,00	112,20	140,40	168,00	196,20	224,40	—	—
nach d. 1. April 1895	96,60	129,00	161,40	193,20	225,60	258,00	—	—
nach d. 1. Januar 1900	126,00	156,00	186,00	215,40	245,40	275,40	—	—
nach d. 1. Juli 1904	160,20	193,20	226,20	259,20	292,20	325,20	358,20	6,60
vom 1. April 1906	176,40	213,00	249,00	285,60	321,60	358,20	394,20	7,26
Lohnklasse VII:								
am 1. Juli 1904	180,00	217,80	255,00	292,80	330,00	367,80	405,00	7,50
vom 1. April 1906	198,00	239,40	280,80	322,20	363,00	404,40	445,80	8,25

empfängern. Auch den hinterbliebenen, noch nicht fünfzehn Jahre alten Kindern weiblicher Kassenmitglieder steht ein Anspruch auf Waisengeld aus der Mitgliedschaft der Mutter zu.

Das Waisengeld beträgt:

a) für Kinder, deren leibliche Mutter lebt und zur Zeit des Todes des Mitgliedes oder Rentenempfängers zum Bezuge des Witwengeldes berechtigt war, ein Drittel des Witwengeldes für jedes Kind;

b) für Kinder, deren leibliche Mutter nicht mehr lebt, oder zur Zeit des Todes des Mitgliedes oder Rentenempfängers zum Bezuge des Witwengeldes nicht berechtigt war, die Hälfte des Witwengeldes für jedes Kind. Tritt diese Erhöhung erst später infolge Ablebens der Mutter ein, so wird das erhöhte Waisengeld vom ersten Tage nach dem Ablauf des Sterbemonats ab gezahlt.

Auf das Ruhen des Waisengeldes finden die Bestimmungen über das Ruhen des Witwengeldes gleiche Anwendung.

Das Waisengeld wird bis zum Ablauf des Monats gewährt, in dem das Kind das fünfzehnte Lebensjahr vollendet oder stirbt.

An Empfängern von Waisengeld waren vorhanden und an Waisengeld wurden gezahlt:

Empfänger		Gezahlte Beträge	
am Ende des Jahres	Anzahl	im Jahre	M.
1896	4 535	1896	94 128
1897	5 473	1897	113 370
1898	6 223	1898	132 605
1899	7 100	1899	151 395
1900	8 531	1900	181 732
1901	9 737	1901	225 617
1902	10 575	1902	245 343
1903	11 500	1903	270 666
1904	12 163	1904	297 360
1905	13 221	1905	341 351

Die sämtlichen vorhandenen, zum Waisengeldbezuge berechtigten Kinder verteilten sich, wie folgt, auf die einzelnen Lebensaltersjahrgänge:

	Anzahl bei einem Lebensalter von Jahren														
	unter 1	1	2	3	4	5	6	7	8	9	10	11	12	13	14
am 1. Januar 1897	48	98	123	175	197	287	300	302	394	391	426	454	461	453	426
„ 1. „ 1898	43	118	149	213	254	298	366	423	432	488	512	543	526	591	517
„ 1. „ 1899	46	109	168	241	290	326	392	462	515	512	591	611	634	655	671
„ 1. „ 1900	63	109	186	263	237	377	436	507	586	616	662	714	717	749	783
„ 1. „ 1901	75	146	208	322	358	498	538	590	684	772	792	856	879	897	916
„ 1. „ 1902	75	146	233	317	421	499	623	702	754	841	939	1016	1009	1086	1076
„ 1. „ 1903	84	184	233	326	429	516	643	747	860	875	988	1131	1144	1184	1231
„ 1. „ 1904	76	176	278	353	435	585	669	803	920	1038	1047	1179	1297	1331	1313
„ 1. „ 1905	93	181	257	375	434	571	687	797	968	1080	1212	1212	1346	1467	1483
„ 1. „ 1906	70	224	299	405	487	615	742	858	1005	1161	1261	1431	1430	1553	1680

Abfindungen erhalten die im Bezuge eines Witwengeldes stehenden Witwen, die sich wieder verheiraten, und zwar im zweifachen Jahresbetrage des zur Zahlung angewiesenen Witwengeldes. Die Abfindung wird auch dann gezahlt, wenn der Anspruch auf Witwengeld zur Zeit der Wiederverheiratung ruht. Durch die Abfindung erlöschen alle Ansprüche auf Witwengeld. Abfindungen.

Ausgeschieden aus dem Bezuge des Witwengeldes infolge Wiederverheiratung sind im Jahre:

1896 . . . 63 Witwen		1901 . . . 166 Witwen
1897 . . . 72 „		1902 . . . 168 „
1898 . . . 93 „		1903 . . . 129 „
1899 . . . 95 „		1904 . . . 181 „
1900 . . . 116 „		1905 . . . 148 „

An Abfindungen wurden gezahlt im Jahre:

1896 . . . 9 267 M.		1901 . . . 25 285 M.
1897 . . . 10 328 „		1902 . . . 24 574 „
1898 . . . 13 403 „		1903 . . . 24 076 „
1899 . . . 12 692 „		1904 . . . 28 417 „
1900 . . . 15 634 „		1905 . . . 28 462 „

Sterbegeld wird gewährt: Sterbegeld.

a) beim Tode des Empfängers einer Zusatzrente, auch wenn diese zur Zeit des Ablebens des Mitgliedes geruht hat;

b) beim Tode der Ehefrau eines zu a bezeichneten früheren Mitgliedes der Abteilung B, sofern der Ehefrau ein Anspruch auf

Witwengeld zugestanden hätte, wenn sie ihren Ehemann über-
lebt hätte, auch wenn die Zusatzrente des Mitgliedes ruhte;

c) beim Tode der Witwe, für welche beim Ableben des Ehemannes
ein Witwengeld aus der Abteilung B der Pensionskasse fest-
gestellt ist, auch wenn es ruhte.

Wenn die Zusatzrente dauernd entzogen oder der Berechtigte ab-
gefunden war, wird ein Sterbegeld nicht gewährt. Sofern Witwen sich
wieder verheiratet haben, kommt das Sterbegeld ebenfalls nicht zur
Zahlung.

Das Sterbegeld beträgt:

in Lohnklasse II und III . . . . 75 M.
„ „ IV . . . . 95 „
„ „ V . . . . 110 „
„ „ VI und VII . . . . 120 „

Auf das Sterbegeld aus der Abteilung B wird das von einer auf
Grund gesetzlicher Vorschrift errichteten Eisenbahnkrankenkasse gezahlte
Sterbegeld angerechnet. Sind Witwen selbst Mitglieder der Abteilung B,
so kommt bei ihrem Tode das Sterbegeld nur einmal zur Zahlung.

An Sterbegeld sind gezahlt worden im Jahre:

1896 . . . 11 669 M.	1901 . . 38 137 M.
1897 . . . 14 420 „	1902 . . 49 091 „
1898 . . . 21 716 „	1903 . . . 61 001 „
1899 . . . 30 201 „	1904 . . . 75 773 „
1900 . . . 38 958 „	1905 . . . 87 525 „

Faßt man die Leistungen der Abteilung B an invalide Mitglieder und
an die Hinterbliebenen verstorbener Mitglieder zusammen, so ergibt sich,
daß im Jahre:

1896 . . . rd. 715 000 M.	1901 . . . 1 659 000 M.
1897 . . . „ 835 000 „	1902 . . . 1 903 000 „
1898 . . . „ 976 000 „	1903 . . . 2 200 000 „
1899 . . . „ 1 114 000 „	1904 . . . 2 515 000 „
1900 . . . „ 1 319 000 „	1905 . . . 2 954 000 „

aufgewendet worden sind.

Soweit in einzelnen Fällen die Bezüge der Berechtigten sich als unzu-
länglich erweisen, oder von erwerbsunfähig gewordenen Kassenmitgliedern
oder von den Hinterbliebenen verstorbener Kassenmitglieder weder satzungsmäßige Pensionskassenleistungen noch auch Renten auf Grund der Unfall-

versicherungsgesetze beansprucht werden können, so werden aus den bereitstehenden Mitteln der Eisenbahnverwaltung, sowie aus einigen der Eisenbahnverwaltung zur Verfügung stehenden, aus den Vermögensbeständen früherer Kasseneinrichtungen ausgesonderten Hilfsfonds einmalige und laufende Beihilfen gewährt. Der Gesamtbetrag solcher Beihilfen kann schätzungsweise auf rund 800 000 M. angenommen werden, dazu kommen die ebenfalls nicht unbeträchtlichen Summen, die für die noch in der Beschäftigung stehenden Arbeiter bei Unglücks- und sonstigen Notfällen in ihren Familien neben den Krankenkassenleistungen als Beihilfen verwendet sind. Durch die Gewährung solcher Beihilfen aus den Fonds der Eisenbahnverwaltung werden die Härten, die mit der zur Erhaltung der Leistungsfähigkeit von Pensionskassenanstalten unerläßlichen Wartezeit auf die Kassenleistungen notwendig verknüpft sind, nach Möglichkeit gemildert.

Scheiden Mitglieder ordnungsmäßig aus der Beschäftigung aus, ohne erwerbsunfähig zu sein, oder sterben Mitglieder, bevor ihre Hinterbliebenen Anspruch auf Witwen- und Waisengelder erworben haben, so werden die von ihnen aus eigenen Mitteln geleisteten Beiträge, soweit sie nicht satzungsmäßig auf die Deckung der von der Abteilung B getragenen Belastung zu verrechnen sind, zurückgezahlt. Ohne jeden Abzug werden die Beiträge den Mitgliedern zurückgezahlt, die wegen Unfähigkeit zum Eisenbahndienst, z. B. wegen Farbenuntüchtigkeit aus der Beschäftigung ausscheiden müssen. Diesen Personen ist auch das Recht eingeräumt, durch Belassung der Beiträge in der Kasse sich den bereits erworbenen Anspruch auf Zusatzrente zu erhalten, die alsdann beim Eintritt der Erwerbsunfähigkeit auch dann gezahlt wird, wenn die Invalidenrente von einer anderen Kasseneinrichtung oder einer Versicherungsanstalt festgesetzt wird.

Ein Anspruch auf Rückzahlung der Beiträge besteht dagegen nicht, wenn das Mitglied unter Verletzung der Kündigungsbedingungen aus der Beschäftigung scheidet oder strafweise entlassen wird. Aber auch in diesen Fällen ist der Vorstand der Kasse berechtigt, nach Lage der Verhältnisse die Beiträge ganz oder teilweise zurückzuzahlen. Von dieser Ermächtigung wird im weitgehendsten Umfange Gebrauch gemacht, so daß nur in ganz schwerwiegenden Fällen eine Einbehaltung der Beiträge stattfindet.

Den in das Beamtenverhältnis übertretenden Mitgliedern werden die bis zur Anstellung entrichteten Beiträge nur dann zurückgewährt, wenn sie aus dem Dienste der Verwaltung ausscheiden, ohne daß ihnen oder ihren Hinterbliebenen Pensionen, Zusatzrenten, Witwen- und Waisengelder bewilligt werden. Es bleiben ihnen aber, wie bereits erwähnt, die bis zur Anstellung erworbenen Ansprüche auf die Leistungen der Kasse erhalten.

An Beiträgen wurden zurückgezahlt im Jahre

1896 . . . 366 072 M.	1901 . . . 280 710 M.
1897 . . . 253 725 „	1902 . . . 288 556 „
1898 . . . 233 606 „	1903 . . . 271 147 „
1899 . . . 319 436 „	1904 . . . 291 394 „
1900 . . . 309 518 „	1905 . . . 320 937 „

Gesamtausgaben der Abteilung B. Die Gesamtausgaben der Abteilung B betrugen im Jahre 1905 3 281 695 M. Hiervon entfallen

auf Zusatzrenten einschl. Pensionen . .	1 310 043 M.
„ Witwengeld	1 187 366 „
„ Waisengeld	341 351 „
„ Abfindungen bei Wiederverheiratung	28 462 „
„ Sterbegeld	87 525 „
„ Beitragserstattungen	320 937 „
„ Verwaltungskosten	3 929 „
„ sonstige Ausgaben	2 882 „

Die Ausgaben haben sich im Zeitraum von 1896 bis 1905 um rund 2 167 000 M. erhöht.

c) Vermögenslage der Pensionskasse. Die Überschüsse der Einnahmen über die Ausgaben und die Vermögensbestände werden in folgender Tafel zusammengestellt:

Es betrugen	Betrag bei der Abteilung		durchschnittlich kamen auf je ein am Jahresschluß vorhandenes Kassenmitglied bei der Abteilung	
	A M.	B M.	A M.	B M.
die Überschüsse:				
des Jahres 1896	2 310 171	3 209 030	11,75	22,82
„ „ 1897	2 528 437	3 552 321	11,55	23,72
„ „ 1898	2 661 970	3 790 185	11,45	23,82
„ „ 1899	2 670 440	4 109 658	11,98	23,96
„ „ 1900	1 198 191	5 663 134	5,22	32,84
„ „ 1901	2 193 233	4 812 848	9,71	25,97
„ „ 1902	2 049 581	4 997 043	8,89	26,31
„ „ 1903	2 062 235	5 022 390	8,32	25,07
„ „ 1904	1 585 614	5 548 959	5,95	26,04
„ „ 1905	1 791 263	6 027 892	6,42	27,04

Es betrugen	Betrag bei der Abteilung		durchschnittlich kamen auf je ein am Jahresschluß vorhandenes Kassenmitglied bei der Abteilung	
	A M.	B M.	A M.	B M.
die Vermögensbestände:				
am Schlusse:				
des Jahres 1896	13 882 203	32 091 054	70,63	228,21
„ „ 1897	16 410 694	35 643 196	74,94	237,96
„ „ 1898	19 072 740	39 432 613	82,06	247,92
„ „ 1899	21 750 579	43 560 691	97,61	254,20
„ „ 1900	21 921 097	47 119 016	95,46	269,10
„ „ 1901	24 677 433	53 278 797	109,28	287,45
„ „ 1902	26 909 599	58 857 422	116,71	309,93
„ „ 1903	28 961 286	64 167 700	116,90	320,31
„ „ 1904	30 467 014	69 563 190	114,48	326,52
„ „ 1905	32 156 603	75 249 034	115,33	337,53

Das Gesamtvermögen setzt sich wie folgt zusammen:

	Abteilung A M.	Abteilung B M.
bar	404 198	874 441
Darlehne usw.	8 551 675	19 125 371
Wertpapiere	21 284 986	55 249 222
Grundstücke	1 915 744	—
zusammen . .	32 156 603	75 249 034

Von den zu Buch stehenden Darlehen sind an Baugenossenschaften, denen ausschließlich oder in größerer Zahl Eisenbahnarbeiter und untere Eisenbahnbeamte angehören, nach und nach 13 Millionen Mark gegen einen Zinsfuß von 3 bis 3,5 % bewilligt. Dadurch ist den Bestrebungen zur Verbesserung der Wohnungsverhältnisse des unteren Eisenbahnpersonals eine wesentliche Förderung zuteil geworden.

3. Unfallversicherung.

Die Königlichen Eisenbahndirektionen haben als Ausführungsbehörden im Sinne des § 128 des Gewerbeunfallversicherungsgesetzes vom 30. Juni 1900 die Aufgaben der Berufsgenossenschaften zu erfüllen. Als solchen liegt ihnen die Feststellung und Anweisung der Entschädigungen, die Übertragung des Heilverfahrens auf die Krankenkassen, die Entscheidung über die Zahlung des erhöhten Krankengeldes und dessen Erstattung ob. Soweit nach dem Gewerbeunfallversicherungsgesetz die Berufsgenossenschaften berechtigt sind, über die gesetzlichen Verpflichtungen hinaus Zahlungen zu leisten, ist auch hiervon von den Königlichen Eisenbahndirektionen als Ausführungsbehörden Gebrauch gemacht worden. So ist im Jahre 1905

    a) in 49 Fällen wegen unverschuldeter Arbeitslosigkeit die Teilrente bis zum Betrage der Vollrente erhöht (§ 9 Abs. 5 des Gesetzes),

    b) in 2 Fällen Witwen, die keinen Anspruch auf Witwenrente hatten, weil die Ehe erst nach dem Unfalle geschlossen wurde, Rente bewilligt (§ 16 Abs. 3 des Gesetzes),

    c) in 35 Fällen den Angehörigen von in einer Heilanstalt untergebrachten Verletzten besondere Unterstützung gewährt worden (§ 22 Abs. 4 des Gesetzes).

Die Eisenbahnverwaltung ist darauf bedacht, den Unfallrentenempfängern eine ihrer Leistungsfähigkeit entsprechende Wiederbeschäftigung in ihrem Dienste zu verschaffen. Zu diesem Zwecke werden über die Unfallrentner, die sich um Wiederbeschäftigung bewerben, Verzeichnisse geführt, auf die bei Besetzung geeigneter Posten zurückgegriffen wird. Auch wird angestrebt, Unfallverletzte beizeiten wieder an eine ihren Fähigkeiten entsprechende Arbeit zu gewöhnen, weil nur durch eine frühzeitige systematische Heranziehung zur Arbeit die beschädigten Gliedmaßen ihre frühere Beweglichkeit und Anpassungsfähigkeit ganz oder größtenteils wieder erlangen können. Um dies zu erreichen, kann Unfallverletzten, für die das Heilverfahren noch schwebt, auch wenn sie den Dienst noch nicht in vollem Umfange verrichten können, der volle Lohn gezahlt werden.

Über die durchschnittliche Höhe der in den Jahren 1896—1905 gezahlten einzelnen Entschädigungen und die Anzahl der Personen, für die im Jahre 1905 Zahlungen zu leisten waren, gibt die Übersicht auf S. 78 und 79 Auskunft.

Wenn ungeachtet der stetigen Steigerung der Löhne der Durchschnittsbetrag der den Verletzten gezahlten Renten in den letzten Jahren ziemlich gleich geblieben ist, so trägt hierzu die erfreuliche Tatsache bei, daß die Verletzungen mit der Folge dauernder beschränkter oder völliger Erwerbsunfähigkeit in den Jahren 1896—1905 sich wesentlich vermindert haben, wie die nachfolgende Übersicht zeigt:

Folgen der Unfälle	Zahl der Unfälle im Jahre 1905	Auf je 100 Unfälle entfallen durchschnittlich im Jahre									
		1896	1897	1898	1899	1900	1901	1902	1903	1904	1905
Nur vorübergehende Erwerbsunfähigkeit . .	833	13,90	20,70	19,60	21,62	23,21	25,03	26,85	26,27	26,12	35,34
Dauernde beschränkte Erwerbsunfähigkeit	963	54,90	48,90	49,60	49,88	47,91	48,93	47,74	48,65	48,69	40,86
Dauernde völlige Erwerbsunfähigkeit . .	176	10,90	10,40	8,30	9,58	9,13	8,23	8,16	9,22	8,88	7,47
Tod	385	20,30	20,00	22,50	18,92	19,75	17,81	17,25	15,86	16,31	16,33
zusammen . .	2 357	—	—	—	—	—	—	—	—	—	—

1	2	
Bezeichnung **der** **Ausgaben**	Zahl der Personen, an oder für die Zahlungen zu leisten waren im Jahre 1905	überhaupt im Jahre 1905 M.
A. Erwerbsunfähigkeit:		
1. Kosten des Heilverfahrens	2 900	174 885
2. Renten der Verletzten.	15 800	4 284 803
3. Abfindungen an Ausländer	—	—
4. Abfindungen an Inländer	9	6 554
B. Todesfälle:		
5. Sterbegeld.	446	29 718
6. Renten der Witwen (Witwer) Getöteter	3 765	621 152
7. Abfindungen bei der Wiederverhei- ratung von Witwen	72	38 362
8. Renten der Kinder und Enkel Getöteter	4 945	623 057
9. „ „ Verwandten aufsteigender Linie	310	46 332
C. Behandlung in Heil- und Genesungs- anstalten:		
10. Renten der Ehefrauen (Ehemänner) der in Heilanstalten untergebrachten Ver- letzten.	350	9 781
11. desgl. der Kinder und Enkel	692	13 962
12. „ „ Verwandten aufsteigender Linie	14	434
13. Kur- und Verpflegungskosten	611	80 203
zusammen . . .	29 914	5 929 243
Außerdem:		
14. besondere Kosten der Fürsorge für die Verletzten während der ersten dreizehn Wochen	—	934
15. Kosten der Unfalluntersuchung, der Schiedsgerichte u. dergl.	—	29 766
zusammen im Jahre 1905	—	5 959 943

3

Betrag der Ausgaben

auf je eine der in Spalte 2 bezeichneten Personen

1896 M.	1897 M.	1898 M.	1899 M.	1900 M.	1901 M.	1902 M.	1903 M.	1904 M.	1905 M.
55,25	53,16	54,44	54,39	61,66	63,27	65,19	70,92	65,61	60,31
258,12	259,36	254,53	256,82	258,52	262,54	265,12	269,26	270,65	271,19
—	—	—	—	—	—	—	277,00	—	—
—	—	—	—	—	620,91	626,58	928,25	568,00	728,22
46,11	48,50	50,36	51,81	55,40	62,47	65,92	65,98	64,96	66,63
145,90	148,65	156,25	153,00	158,72	154,95	158,45	161,12	161,35	164,98
498,44	449,04	492,66	484,64	499,88	516,97	519,11	545,34	575,94	532,81
103,00	105,43	104,26	106,27	108,14	111,79	114,56	119,24	122,99	126,00
142,10	133,97	138,24	141,62	144,66	153,62	149,49	149,54	143,37	149,46
22,33	26,62	26,50	27,08	27,28	28,13	33,09	27,12	29,36	27,95
16,38	19,27	17,67	17,73	17,63	23,57	26,94	21,13	21,41	20,18
81,43	37,56	48,29	33,08	44,20	63,00	32,24	23,95	29,50	31,00
131,38	113,11	116,42	121,28	130,84	135,88	131,46	129,56	141,98	131,27
—	—	—	—	—	—	—	—	—	—
—	—	—	—	—	—	—	—	—	—
—	—	—	—	—	—	—	—	—	—
—	—	—	—	—	—	—	—	—	—